农村书屋
NONGCUN SHUWU XILIE 系列

水蛭
高效养殖技术
有问必答

■ 潘红平　邓寅业　主编
■ 邓丽英　副主编

U0376874

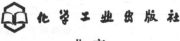

化学工业出版社
·北京·

全书以问答的形式介绍了水蛭养殖的过程以及需要掌握的技术要点。书中内容包括水蛭的品种及习性，养殖场地的选址、设计、施工，繁殖饲养管理，疾病防治，捕捞与加工。全书内容通俗易懂，适合广大水蛭养殖户阅读参考。

图书在版编目（CIP）数据

水蛭高效养殖技术有问必答/潘红平，邓寅业主编.
北京：化学工业出版社，2013.6（2022.10重印）
（农村书屋系列）
ISBN 978-7-122-17431-4

Ⅰ.①水…　Ⅱ.①潘…②邓…　Ⅲ.①水蛭-饲养
管理-问题解答　Ⅳ.①S865.9-44

中国版本图书馆 CIP 数据核字（2013）第 105092 号

责任编辑：邵桂林　　　　　　　文字编辑：漆艳萍
责任校对：战河红　　　　　　　装帧设计：关　飞

出版发行　化学工业出版社（北京市东城区青年湖南街 13 号　邮政编码 100011）
印　　装　天津盛通数码科技有限公司
850mm×1168mm　1/32　印张 4　字数 71 千字
2022 年 10 月北京第 1 版第 11 次印刷

购书咨询：010-64518888　　　　售后服务：010-64518899
网　　址：http://www.cip.com.cn
凡购买本书，如有缺损质量问题，本社销售中心负责调换。

定　　价：19.00 元　　　　　　　　版权所有　违者必究

编写人员名单

主　　编　潘红平　邓寅业

副 主 编　邓丽英

编写人员　潘红平（广西大学）

　　　　　邓寅业（广西壮族自治区人民医院）

　　　　　邓丽英（广西医科大学肿瘤医院）

　　　　　梁树华（广西南宁邦尔克生物技术有限责任公司）

　　　　　张月云（广西药用植物园）

　　　　　黄正团（广西中医学院）

　　　　　杨明柳（广西大学）

　　　　　莫兆莉（广西大学）

前　言

　　水蛭，俗称草蛭、石蛭、肉钻、蚂蟥等。隶属环节动物门，蛭纲动物，它与蚯蚓等其他环节动物有所不同，大多数营暂时性的体外寄生生活。由于适应这种生活方式，水蛭的体上无刚毛，前、后端有吸盘，体肌肉发达，体腔缩小，属于一类高度特化的环节动物。

　　大多数水蛭是以吸取脊椎动物或无脊椎动物的血液为生的，也有些是固定生活在一个动物个体上，接近于体外寄生虫；有的是暂时性侵袭宿主，吸饱血液后掉下来，也有掠食性或腐食性的。

　　水蛭虽然是有害动物，却有极高的药用价值。我国古代医书中有利用水蛭治疗多种疾病的记载，在《神农本草经》中谓其"主逐恶血、淤血、月闭、破血消积聚"。医圣张仲景用其祛邪扶正，治疗"淤血"、"水结"之症，显示了其独特的疗效。水蛭含17种氨基酸，包括人体必需的8种氨基酸，还含有锌、锰、铁、钴等14种微量元素。具有破血、逐淤、通经的功效。主治蓄血、积聚、妇女闭经、跌打损伤、目赤痛、云翳等症。现代医学主要用于治疗肝硬化、肝癌有淤血症者。水蛭用于对治疗心血管疾病、肝炎和肿瘤也有一定疗效。

　　多年来，大多数药用的水蛭都是从野外采集而来的。

而大量使用化肥、农药以及工业污水的排放，使得多数河、江、湖已被污染，水质恶化，野生资源逐年减少。为解决供求矛盾及保护野生资源及品种，必须进行人工养殖。

本书主要介绍了水蛭的品种及习性，养殖场地的选址、设计、施工，繁殖，饲养管理，疾病防治，捕捞与加工。全书内容通俗易懂，适合广大水蛭养殖户和养殖企业参阅。

本书在编写过程中，参考了一些相关资料，在此向原作者表示诚挚的感谢。由于笔者水平有限，书中不足之处在所难免。希望广大读者提出更好的见解和宝贵的建议，以便再版时充实和完善。

编者
2013 年 7 月

目　录

第一章 水蛭概述

第一节 水蛭概况

1. 水蛭是什么动物？

水蛭俗称蚂蟥，别名马鳖、肉钻子，在动物学上属环节动物门蛭纲颚蛭目水蛭科，是一类高度特化的环节动物。多数生活在淡水中，少数为海水或咸淡水种类，大多分布在温湿地区。常在水田、湖沼、稻田、鱼塘等地可见。大小在 4～200 毫米之间，有环带，雌雄同体，以吸食人、畜或其他动物血液为生。至今世界上已知的水蛭有 600 余种，我国有百余种，药用的主要有 3 种。水蛭是一种比较古老的低等动物，距今至少有 4000 万～5000 万年的历史。

2. 哪些水蛭可以药用？主要分布在我国什么地方？

在我国较常用的药用水蛭主要有宽体金线水蛭、日本医蛭、菲牛蛭和尖细金线蛭。宽体金线水蛭在我国大部分地区都有分布，例如湖北、浙江、江苏、河北、北京、内蒙古、辽宁等地，其中因其个体大，生长快，繁殖率高而养殖面最广。日本医蛭分布于四川、江西、湖南、湖北、浙江、江苏、河北、北京、内蒙古、辽宁等地。菲牛蛭主要分布于福建、广东、广西、海南、香港、台湾等地，又以广西为主产区。尖细金线蛭分布于四川、台湾、浙江、江苏、北京、内蒙古、黑龙江等地。

3. 水蛭会给人们日常生活带来什么困扰？

水蛭的生活习性带有寄生的特性，特别是吸血的蛭类，对劳动人们的健康是有一定危害的。有些老农非常形象地说他们每年因水蛭的叮咬至少要损失一斤半血，这是因为这些水蛭吸血后，伤口还会继续流血不止。伤口的瘙痒可能会导致细菌感染而化脓。另外，吸血蛭类对畜牧业也有危害，还是人类及动物疾病的传播者。一些内侵性蛭类在人或家畜喝水不注意时，寄生吸附在呼吸道或者消化道上，引起黏膜出血，呼吸受阻等。鱼蛭和湖蛭寄生在鱼体上，严重时可引起鱼的死亡，是淡水养鱼业的一大危害。因此，人们对水蛭的态度是讨厌、惧怕，除之而后快。

第二节　水蛭的价值及养殖前景

4. 水蛭有什么药用价值？

水蛭是我国常用的一味传统的动物中药，其干燥全体作为中药，性平，味咸、苦，有小毒。具有破瘀消肿、散结通经、消胀除积、逐出恶血、消炎解毒的功效。根据化学分析，其唾液中含有水蛭素，是一种抗血凝物质，水蛭素能抑制凝血酶的活性，能阻止血液中纤维蛋白原凝固，抑制凝血酶与血小板的结合，具有极强的溶解血栓的功效。还能缓解动物的痉挛，降低血压，它还含有抗血栓素、溶纤素、裂纤酶、肝素等。水蛭素有中医所说的活血化瘀的作用，在处理诸如败血休克、动脉粥样硬化、心血管病、高血压、眼科疾病以及多种缺少抗凝血酶的疾病方面，显示出巨大的优越性和广阔的前景。水蛭在临床上多用于治疗经闭、症瘕腹痛、跌打损伤、淤血疼痛、消肿解毒、降低血压、漏血不止、心肌梗死、急性血栓静脉炎、产后血晕等病症。

我国很早就有用水蛭入药的记载，据《农神本草经》记载，认为它有破血、逐瘀、通经的功能，常用于治疗血瘀闭经、跌打损伤等。而李时珍编著的《本草纲目》中，对水蛭都有详细的记载：水蛭名蛭、至掌。大者名马蜞、马蛭、马蟥、蚂蟥。气味咸、苦，性平，有毒。主治逐恶血淤血月闭，利水道及痈肿、毒肿等。

近年来，有的研究人员以水蛭配其他活血解毒药，试用于肿瘤的治疗。水蛭加纯蜂蜜制成注射液，通过结膜注射可治疗角膜云缀、老年白内障。有的医生用活水蛭吸取手术后的淤血或伤口脓血，使血管畅通，民间用水蛭治疗扁桃腺发炎、痔疮等。水蛭在再植或移植器官的过程中亦能起到较大的作用，可以大大地提高手术的成功率，这是由于医蛭吸血时唾液腺分泌抗凝剂水蛭素，以及扩张血管的组织胺类物质。目前利用水蛭素生产的药品约 100 种，保健品也陆续开发上市。

5. 水蛭的经济价值如何？

水蛭作为我国经济价值高的药用动物之一，在中医和西医中的使用量也逐年增多，特别是水蛭素的价格也逐年上扬。2004 年下半年至 2005 年上半年的价格为 270～280 元/千克，2007 年上半年下降到 160～170 元/千克。2012 年下半年水蛭的清水吊干货为 640 元/千克，矾货为 450 元/千克，鲜活的种水蛭每千克高达 500 多元，除了供国内市场的需求外，还可出口创汇。

6. 目前我国野生水蛭资源如何？

随着对水蛭研究的不断深入和发展，水蛭用于治疗疾病的情形愈加引起人们的重视。多年来，大多数入药的水蛭都是从野外采集而来的。而大量使用化肥、农药，土壤的土质发生改变；益虫益鸟减少，虫灾严重已是长年的事实；大量的工业污水排放，多数河、江、湖已被污染，水质恶化，水蛭的生存空间不断被挤压。加上一些河流、湖泊干涸更是加剧水蛭野生资源的减少。

每年春秋两季，水温超过 15℃ 时交配，20℃ 左右时爬上岸，在离水面 30 厘米处的湿土上产卵。此时，也是人们捕捉水蛭的时期，大小水蛭一起被掠夺性捕捉，造成群体减少，多年后繁殖量下降。一些产区可供商品量大幅度下降。

7. 水蛭人工养殖现状如何？

目前我国大规模养殖并进行产品加工的还不是很多，养殖的品种也多以宽体水蛭为主，养殖菲牛蛭的人少，多是以收购野生幼水蛭，倒卖水蛭种苗为主，上规模且效益可观的养殖户也很少。水蛭养殖在技术上仍需解决实际应用的问题，大规模发展、批量上市需要更长的时间。难以弥补野生供给量的下降，缓解未来供给转紧发展趋势。以上是近年来水蛭产量下降的主要原因，水蛭产量的下降不是近两年的问题，特别是水蛭素含量多的菲牛蛭产量更少，恢复起来比较缓慢。可见，加强水蛭的人工养殖是非常必要的。

8. 水蛭人工养殖的市场前景如何？

目前我国进入了老龄化社会，血管等方面的老年疾病也不断增加，这个年龄层次发病率在 20% 以上，另外，这种疾病正向年轻化蔓延，而水蛭是治疗该病的最有效的天然药物，也是治疗心脑血管不可或缺的主要药物成分之一。水蛭有多种医疗效果，是身价倍增的主要原因之一。

国内外对水蛭的需求量增大，由于供求差距大，水蛭售价不断上涨，目前市价已达到 450～650 元/千克。其次，农药化肥及化工业废水、生活污水使水蛭的生存环境遭受严重的污染与破坏，适合于水蛭生存的环境越来越少，野生水蛭资源日益紧缺，致使水蛭的种群数量日趋减少，价格越来越贵。解决供求矛盾的有效方法就是通过人工养殖来达到目的。

水蛭生命力强，水流干涸后，有些种类可以潜入泥底穴居，即使损失 40％ 的体重也能生存。水蛭横向切断后，能从断裂部位重新长出两个新个体，这是水蛭特有的再生能力。水蛭适应性强，耐饥能力强，具有极强的抗病力。对生活环境要求不高，可因地制宜地利用当地农田、水池等进行养殖，是一项投资少、效益高的农村副业。由于我国人工养殖水蛭行业刚刚起步，具有规模性的养殖场不多，而养殖技术还不是很成熟，很多问题还是要靠在养殖过程中去摸索，因此具有很大的市场前景。

9. 人工养殖水蛭需要注意什么？

首先，养殖者不要盲目跟风，盲目投资。巨大的市场需求必会掀起一股"水蛭热"，一些炒种者为了牟取暴利，夸大产量与价格，导致许多初学者盲目跟风，损失惨重。

其次，解决好销路问题。水蛭虽然是一种紧缺的药材，但价格不稳定，也就是销路问题依然存在，一些地方只有医药公司或医院收购，但需求量不稳定，另外水蛭干品容易受潮、变质。因此，在养殖中首先需要与当地收购单位做好联系，做到当地养殖，当地销售。

最后，要有过硬的养殖技术，做到科学养殖水蛭。在养殖前，最好能到有规模的水蛭养殖场观摩学习，边养边摸索，积累经验。

第二章 水蛭的生物学特性

第一节 水蛭的形态特征

10. 如何辨别宽体金线蛭？

宽体金线蛭是一种体型较大的水蛭，身体扁平，略呈纺锤形，体长一般为6～13厘米，大者可达20～25厘米，体宽1.3～2.2厘米，最宽可达4厘米。背面通常呈暗绿色，有5条由细密的黑色和淡黄色斑纹相间组成的纵纹，其中以中间一条纵纹较粗长而明显。体的两个正侧面是一条淡黄色的纵带。腹面淡黄色，两侧各有一条较粗而明显的黄褐或黑褐色纵纹，在这两条纵纹之间约有7条断续的纵纹，其中以中间两条略为明显。体环节107个，环带明显，位于第28～42环，共15环。雄性生殖孔位于第33～34环之间的环沟内，雌性生殖孔位于第38～39环之间的环沟内，肛门位于后端背面。眼点5对，体前端较尖，前后端吸盘各1个，前吸盘较小，颚不发达，具有2排钝齿。生活于湖泊、江河水田中，以螺类、浮游生物、水生昆虫为食，不吸血（图2-1）。

11. 日本医蛭长什么样？

日本医蛭体狭长，略呈圆柱状，背腹稍平扁，体长一

图 2-1 宽体金线蛭的背腹面

般为 3～6 厘米，最长可达 8.3 厘米，体宽为 0.4～0.8 厘米，前后端吸盘各 1 个，前吸盘较大，后吸盘直径为 0.4～0.55 厘米。背部黄绿或黄褐色，有 5 条黄色纵纹，纵纹的两旁有黑褐色斑点分布，以中间一条较宽。纵纹看上去是由断成一小节一小节的棒状纹组成。中间纵纹在眼区间是条比较透亮的带，侧面一条纵纹则从第 5 对眼点的正后方开始，边缘的纵纹近体两侧。腹面暗灰或淡黄褐色，无斑纹。体分 27 节 103 环，环带不明显，共 15 环。雄性生殖孔位于第 31～第 32 环之间的环沟内，雌性生殖孔位于第 36～第 37 环之间的环沟内，肛门位于后端背面。眼点 5 对，呈弧形排列。口内具有三个颚，颚上具有一排细齿，约 55～67 个。广泛生活于稻田以及与其相通的沟渠、沼泽中。主要吸食人、耕畜、鱼类、蛙类等的血

水蛭高效养殖技术有问必答

液，吸血量可超出本身体重的 6 倍。行动敏捷，作波浪式游动。冬季蛰伏，春季活跃（图 2-2、图 2-3）。

图 2-2　日本医蛭

12. 尖细金线蛭的外表是怎样的?

尖细金线蛭又叫茶色蛭、柳叶蚂蟥，体较宽体金线蛭小，体长为 2.8～6 厘米，宽为 0.3～0.6 厘米。体呈柳叶形，扁平，头端十分尖细。背部为橄榄色或茶褐色，有 5 条黄褐色或黄绿色斑点组成的纵纹，以中间一条纵纹最宽，背中纹两侧的黑色素斑点成新月形，大约有 20 对，这是尖细金线蛭在外形上最明显的特征。腹面浅黄或灰色，平坦，两侧有不规则黑褐色斑点散布。前后端吸盘各1 个，后吸盘极小。体分 105 环，眼点 5 对，排列在第 2、

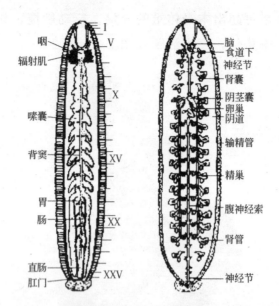

图 2-3　医蛭的内部结构图

第 3、第 4、第 6、第 9 环。雄性生殖孔位于第 35 环中央，雌性生殖孔位于第 40 环中央。肛门位于后端 105 环背面。生长在水田和湖泊中以水蚯蚓和昆虫幼虫为主食，偶尔也吸食牛血（图 2-4）。

13. 菲牛蛭长什么样？

菲牛蛭又叫金边蚂蟥，是水蛭素含量较高的水蛭品种之一，多用于提取水蛭素。

菲牛蛭个体较大，体长 4～11 厘米或更长；最大体宽 0.35～2 厘米；尾吸盘直径 3～14 毫米。身体背腹扁形，前端较窄，体表有黏液，全体成叶片状如柳叶。背部棕绿色或黄褐色，有 5 条细密的绿黑色斑点组成的纵线，腹面浅黄色，平坦，散布不规则暗绿色斑点。体节固定，末节愈合成吸盘，尾端吸盘小，头端吸盘较大。前端吸盘两侧表面有排列成 3 或 4 纵列的唾液腺乳突，通常颚脊上约有 150 个锐利的齿。射精管粗大，呈纺锤形。精管膨腔短，呈圆球形并被一层疏松的腺体覆盖着。阴道短，没有柄，总输卵管与其一起开口向外体节分为 105 环。头部不明显，具眼点数对。无刚毛，真体腔缩小，有环带，雌雄同体，直接发育。雄性生殖器官有：精巢、输精小管、贮精管、阴茎、雄性生殖孔，在射精管的细管上有前列腺连于阴茎，其分泌物可形成精荚包裹精子。雌性生殖器官有：卵巢、输卵管、总输卵管、蛋白腺、阴道、雌生殖孔。生活在水田、水沟或池塘里，主要吸食人、畜的血液（图 2-5）。

图 2-4　尖细金线蛭

图 2-5　菲牛蛭

14. 如何识别尖细金线蛭与日本水蛭？

尖细金线蛭的体形大小虽与日本水蛭相近，都是水田中的优势种类，但在形态上仔细比较是可以区分开来的：一是日本医蛭在向前爬行时，头端始终是钝圆形，而尖细金线蛭向前爬行时，头端呈一锐角，尖而细；二是若用手指或棍棒来回拨动水蛭的前后端，日本医蛭的反应为身体缩成一团成椭圆形，而尖细金线蛭仅身体的两端略缩回，不成一团。

15. 水蛭的系统结构包括几个方面？

水蛭的系统结构包括运动系统、消化系统、排泄系统、呼吸系统、循环系统、生殖系统、神经系统和感觉器官。

16. 水蛭是怎样呼吸的？

皮肤是水蛭的主要呼吸器官，极少数是用鳃呼吸。其皮肤内分布有许多毛细血管，这些毛细血管可与溶解在水中的氧气进行气体交换。在陆地上时，水蛭表层腺细胞分泌大量黏液，这些黏液与空气中的氧气接触相结合，再通过扩散作用进入皮肤血管中进行气体交换。

17. 水蛭的消化系统是怎样的？

水蛭的消化系统由口、口腔、咽、食道、嗉囊、肠、直肠、肛门等8部分组成。

水蛭的取食器官分为两类：棘蛭目和吻蛭，有吻；颚蛭目和咽蛭目，无吻。下面只介绍颚蛭目。颚蛭目虽无吻，但有一个肌肉质、能吸吮的咽部，在口腔内具有 3 个带齿的颚，一个在背中央，两个在侧面。颚上有细齿，吸血种类的齿小而尖，非吸血的齿大而钝。口腔后为一个肌肉质、圆筒式的咽，咽壁内有单细胞的唾腺，能分泌一种抗凝血的水蛭素。咽下面是一段很短的食道，开口到一个较宽而长的嗉囊，嗉囊两侧有 1～11 对向两侧伸展的盲囊，最后一对盲囊很长，延伸至身体后端。嗉囊的功能是贮存食物，吸血种类的盲囊特别发达。

消化道的后三分之一是肠，肠与嗉囊之间有一个幽门括约肌，肠可以是一根简单的管道，也可以有 4 对细长的侧盲囊。肠是食物消化的主要场所，蛭类的消化道中很少有淀粉酶、脂肪酶、蛋白水解酶、肽链内切酶，至今发现的主要是肽链外切酶。有关研究证明，在消化道内有一类共生菌蛭假单孢杆菌分解蛋白质和脂肪。肠的后方是短的直肠，直肠之后为肛门，开口于后吸盘前面。

18. 水蛭的排泄系统是怎样的？

水蛭的排泄器官由 17 对肾管组成，位于身体中部。由于水蛭的真体腔被次生结缔组织填充而退化，肾管被埋于结缔组织。肾管由纤毛漏斗状的肾口，圆形的肾囊，肾状部以及膀胱等 4 部分构成，然后通过肾孔开口于体外。肾孔位于身体的腹面或者侧面。肾囊内含有变形细胞，可以吞噬要排出体外的颗粒。水蛭的肾管还可以排泄代谢废物，对维持体内水分及盐分的平衡起着十分重要的作用。

19. 水蛭的神经系统和感受器是怎样的？

水蛭的神经系统属链状神经系统，头部由咽上神经节（脑神经节）、咽下神经节以及围咽神经构成。成对的腹神经索联结腹部的各个神经节，腹神经索的各个神经节分出前、后两对神经，分别通到身体的背面和腹面。

水蛭的感官包括光感细胞和感觉性细胞群。

光感细胞集中在头端背部的数对眼点上，这些眼的结构比高等动物的简单得多，仅由一些特化了的表皮细胞、感光细胞、视细胞、色素细胞核视神经构成，视觉能力较弱，主要色素感受光线方向和强度。一般来说，水蛭是避光的。

感觉性细胞群分布在蛭类体表，也称为感受器，由表皮细胞特化而成，其下端与感觉神经末梢相接触，并且在头端和每一体节的中环分布较多。按照其功能的不同可分为物理感受器（触觉感受器）和化学感受器。

水蛭的触觉感受器对外界的水流、波动、震荡、温度非常敏感。吸血水蛭能根据水波相当准确地确定波动的中心位置并迅速游去，所以人在插秧时，双脚动得越厉害，游来的水蛭越多，有一句俗话说"蚂蟥听水响"，这是有道理的。在有水蚂蟥的场所，只要用一根木棒在水中划动几下，就可以招引医蛭游来。但是石蛭科的种类对震动的反应是身体迅速缩短，与上述的吸血种类探索反应有所不同。

水蛭的化学感受器很发达，而且仅限于头部，能对水中的化学物质起强、弱、急、缓等不同的反应。实验证明，医蛭对甲酸、丙酸、异丁酸、柠檬酸、盐酸、酚、氨的反应都很强烈，对醋酸的反应较弱。一般水蛭在受到化学药品刺激后，头部离开水面后，水蛭不再感受到有毒物质的刺激。水蛭对包括食物在内的种种化学刺激，特别是吸血种类对血液刺激的反应都局限于头部背唇及口部皮肤上的化学感受器。

20. 水蛭的生殖系统是怎样的？

水蛭是雌雄同体动物，异体受精，卵生，一般是雄性部分先成熟。

雄性生殖器官有 4～11 对球形的精巢从第 12 或第 13 节开始，按节排列。有输精小管通入腹神经索两侧的输精管，输精管由后向前平行延伸至前端膨大的贮精囊，再到细的射精管然后进入阴茎，在射精管的细管汇入膨腔处的壁上有疏松的前列腺，其分泌物可包囊精子。两侧的射精管在中部汇合到一个精管膨腔，再经雄孔开口于体外。医蛭、金线蛭等精管膨腔较为复杂，由球状的基部和阴茎鞘两部分组成，阴茎鞘的肌肉可以翻转伸到生殖孔外形成阴茎。

雌性生殖器官有卵巢 1 对，由 2 条输卵管在第 11 节内汇合成总输卵管，通入膨大的阴道末端，开口于雌孔。总输卵管外面有包着单细胞的蛋白腺或卵巢腺，阴道分为受精囊（或阴道囊）和阴道管两部分（图 2-6）。

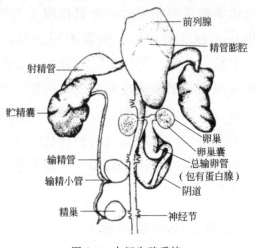

图 2-6　水蛭生殖系统

第二节　水蛭的生活习性

21. 水蛭喜欢在什么地方生活？

水蛭喜欢钻入缝隙，喜欢潜伏在落叶、草丛或石头下、池底或池岸。一般来说，水蛭在岩石底下比较多，其次是石子底，泥沙碎石底，在深水域的淤泥处最少，这是由于蛭类具有强烈的趋触性，喜欢底质较坚实，利于吸盘吸附的地方。水蛭还喜欢在水草或藻类较丰富的水域，岸边潮湿的土壤、草丛，有利于水蛭的栖息和交配繁殖。

22. 水蛭喜欢生活在浅水区还是深水区？

在自然界中，水蛭高度聚集在沿岸带的水生植物上，这些植物为水蛭的运动与产卵提供了固着的物体，一方面营养物质比较丰富，食物来源广泛，另一方面也为他们提供了预防天敌的场所。不同深度的水体里，水蛭的种类和密度均不同。一般沿岸密度最大，亚岸带次之，湖底最少。

23. 水蛭吃什么？

水蛭为杂食性动物，以吸食动物的血液或体液为主要生活方式，常以水中浮游生物、昆虫、软体动物为主饵，人工条件下以各种动物内脏、熟蛋黄、配合饲料、植物残渣、淡水螺贝类、杂鱼类、蚯蚓等作饵，菲牛蛭特别喜欢猪、牛的血。

24. 水蛭的觅食行为是怎样的？

许多种水蛭以脊椎动物或无脊椎动物的血液为生，有的或多或少地固定生活于一个动物的个体上，接近于体外寄生虫；有的只是一时性的侵袭一下寄主，吸饱血液后掉下来；但也有属于普通的掠食性或腐蚀性的。以海南山蛭为例，它的觅食行为如下：当牛渐渐接近山蛭时（1.5米范围），牛的身体发出的辐射热、特殊的气味和呼出的暖湿气流刺激山蛭，它头部开始转向运动，身体前段左右摆动进行探测。随着牛边吃草边接近，刺激越来越强，山蛭身体前段摇动加快，最后转向牛的方向快速摆动，感觉到牛的方向和位置时，山蛭即停止摆动并快速向牛的方向爬行，幼体、亚成体或饥饿的个体爬得较快。海南山蛭一般爬上牛的蹄足部位、人的小腿以下踝足部位，黎母山蛭一般爬在 0.5～1 米高的腰腿位置上，尖峰山蛭一般爬上牛的蹄部、人的脚底位置，侵袭宿主动物位置有种间的差异，这与生态型有关。爬上动物体表后，山蛭通过侧唇化学感受器接触动物体表，识别是否为可取的食源并寻找适合位置叮咬吸血，前吸盘不断地在不同位置试探宿主动物体表，多数在皮薄毛稀、毛细血管丰富的位置叮咬吸血。

25. 水蛭的觅食行为主要受什么因素影响？

蛭的觅食行为受到来自体内的内源因素的影响，海南山蛭的觅食行为受发育程度、饥饿状态和生殖状态的影响。山蛭生命周期中取食 4 次，其中第 1、第 2 次为幼体阶段，第 3 次后进入亚成体阶段，第 4 次为成体阶段。每次取食后总是导致觅食行为抑制，第 1、第 2 和第 3 次取食后觅食行为抑制时间分别为 21 天、36 天和 46 天，第 4次取食后觅食行为长时间抑制，直至产卵后才开始出现觅食行为。此外，觅食活动还与温度密切相关。

26. 水蛭取食有怎样的特点？

水蛭的取食有三个特点。

（1）由于它有锐利的、精细的切割皮肤的工具——带齿的颚，并在切割时实行局部麻醉，能在寄主未察觉的情况下，从寄主吮吸大量的血液或者体液。吸血水蛭通过口腔内具齿的肌肉性颚及其后面的肌肉性咽往复地动作来完成吸血行为。

（2）吸入的血液或体液不会在水蛭本身的消化道内凝

固，大部分的水分随盐分通过肾管排出体外 这就是我们看到山蛭吸血后，它的体表会有一层清亮的液体。但是我们发现水蛭在行动时肌肉收缩厉害，如果体内有血凝块，势必会阻挠其行动。可能是由于水蛭吸取的血液流经颚间时，混入了含有水蛭素的分泌物。

（3）消化缓慢 在日本医蛭的嗉囊、盲囊中，吸入的红细胞在很长一段时间都可以保持新鲜和完整，只有当身体需要能量时才分解利用。这些食物在数月内是依靠一种共生的假单孢杆菌慢慢消化的。

27. 与吸血水蛭相比，宽体金线蛭是怎样取食的？

与吸血水蛭比较，在我国广泛分布的以螺类为食的宽体金线蛭，其肌肉性的小颚上只有两行钝的齿板，没有吸血种类具有的单列细齿，这种结构非常适于割开螺类的皮肤。宽体金线蛭从幼蛭到成熟个体的取食行为是：当5～10毫米长的幼蛭从茧中钻出后，立即用头部的化学感受器寻找到幼小的螺类并将身体钻进螺壳之内取食其体液，这个阶段的取食量颇大，个体增长迅速。随着其个体的增大，被取食的螺类也随之增大，直至成熟个体只能将头部伸进螺壳之内取食螺的体液。这是非吸血水蛭头部化学感受器在选择性取食中起决定作用的一个典型例证。

28. 水蛭是靠什么来运动的？

水蛭是一种高度特化营版寄生生活的环节动物，但没有环节动物所特有的运动器官刚毛和疣足，那么它又是怎样完成运动的呢？原来水蛭靠体壁的伸缩和前后吸盘的配合来前进和后退。水蛭的体壁是由表皮细胞和肌肉层组成，表皮细胞能向外分泌一层坚固的角质——角膜，可以每隔几天更新一次。表皮细胞还能分泌各种单细胞腺体，分泌黏液，保持体表的润滑。表皮下面是肌肉层，包括环肌、纵肌、斜肌以及背腹肌。水蛭的肌肉层发达，纵肌两端直接连接吸盘，因此水蛭在水中靠着纵肌的波状收缩达到游泳前进的目的。

29. 水蛭的运动方式有几种？

水蛭是一种半寄生生活的动物，其运动可以分为游泳、尺蠖式运动和蠕动三种方式。水蛭在水中常采用游泳的方式，即背腹肌收缩、环肌舒张，身体平铺如一片柳叶，波浪式向前运动（图2-7）。尺蠖式运动和蠕动通常为水蚂蟥离开水体时及旱蚂蟥所采用，都是前后吸盘

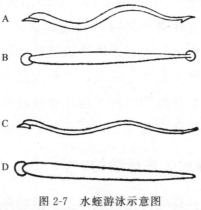

图 2-7　水蛭游泳示意图

A、B、C、D代表第一至第四步的运动过程

交替使用。不过尺蠖式运动先用前吸盘固定，后吸盘松开，身体向背方弓起，后吸盘移到紧靠前吸盘处吸着，前吸盘松开向前伸展，如此交替前进，行进速度较快（图2-8）。蠕动是使身体平铺于物体上，当前吸盘固定时，后吸盘松开，身体又沿着平面向前方伸展，这种运动方式较慢，但可穿行于土壤中，或从人的衣袜与皮肤之间的空隙穿进去吸血。水蛭在陆地上常交替使用尺蠖式运动和蠕动。

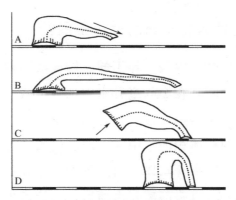

图2-8 水蛭尺蠖式运动示意图

A、B、C、D代表第一至第四步的运动过程

30. 水蛭的活动有规律吗？

当冬季气温低于10℃时，水蛭在泥中越冬，潜伏深度为15～25厘米。3～4月份出来活动，白天常躲于水中，夜间出来觅食。要求水的最低氧容量为0.7毫克/升，低于一定的溶氧量或空气闷热、气压较低的天气，水蛭表现不安，向水表面和岸上移动。

31. 水蛭会冬眠吗？

水蛭是一种变温动物，冬眠是它对寒冷的一种适应形式，是对环境长期适应和选择的结果。当冬天来临，水蛭的活动逐渐减少；当水温低于 10℃时，水蛭停止摄食，钻入水底或岸边的沙泥、土壤中休眠。在冬眠前一个月，水蛭的食欲会变得旺盛，贮存大量营养物质以度过严冬。

32. 水蛭对什么化学药品反应强烈？

医蛭对甲酸、丙酸、异丁酸、柠檬酸、盐酸、酚、氨的反应都很强烈，在 200 毫升水中加入 1 或 2 滴药品，蛭类即产生强烈的震颤反应，并急速离开水体。对醋酸的反应较弱，在同样体积的水中加入两滴醋酸，过 5 分钟，水蛭的前吸盘开始离开水体。由此推测，水蛭的化学感觉器仅限于头部，所以头部离开水面后，水蛭不再感受到有毒物质的刺激，水蛭对同样数量的糖类、甲醇、乙醇、甘油和樟脑不发生反应。此外，水蛭对碱性物质反应非常强烈，低浓度的碱可致死。

第三节　水蛭对环境的要求

33. 水蛭对水温有什么要求？

水蛭对温度的要求不算大，但温度对其生活影响较大。适宜水蛭生长的温度在 22～28℃，气温低于 10℃以下，水蛭就开始进入水边较松软的土壤或潜伏深度一般为15～20 厘米的土壤中越冬，气温回升到 10～13℃时开始出土，当温度高于 30℃时影响生长，水温超过 45℃便死亡。

34. 水蛭对水的酸碱度有什么要求？

水蛭对水的酸碱度（pH 值）的适应性比较广。一般的水蛭，如人工养殖的医蛭、金线蛭等许多常见蛭类，可在 pH 值为 4.5～10.1 这样比较广泛的范围内长期生存，所以说，水蛭能适应碱性环境而喜欢在酸性的环境中生存。当 pH 值超过 10.2 时，由于有机物的严重污染或腐殖质的腐败所产生的毒性物质，可使水蛭不适应或死亡。因此，在人工饲养水蛭时，当发现水质过肥或腐败物质较多时，要及时测定酸碱度，一旦发现超标（包括正超标或负超标）时，应及时采取部分换水等措施。

35. 水蛭对水体中的含氧量有什么要求？

大多数水蛭能忍受长期缺氧的环境。例如在氧气耗尽的状况下，欧洲医蛭能存活 3 天，黄蛭能存活 2 天。但一般情况下，水蛭多数生活在含溶氧量为 0.7 毫克/升的水域里，低于一定的溶氧量时，水蛭就会钻出水面。某些幼蛭对氧的不足比成蛭更敏感，如八目幼蛭在溶氧量为 0.7 毫克/升时开始死亡，而成蛭在溶氧量为 0.5 毫克/升开始死亡。在天气闷热时，气压低，水中溶氧量较低，这时水蛭表现出不安并向岸上爬动。因此水蛭具有预报天气的本领。

36. 水蛭对水的盐度有什么要求？

水蛭除陆栖生活种类之外，又可分为淡水种类和海水种类。在淡水中生活的水蛭种类，大多生活在含盐量较低的淡水湖泊、河流和水田中，有些种类在入海口有部分出现，但淡水种类水蛭一般水体的含盐量不得超过1％，在饲喂的血粉中，也不要加盐，否则对水蛭的生长不利。而在海水中生活的蛭类，耐盐的能力极强，可在含盐量高达6％～7％的海水中生存。

37. 水蛭产卵、越冬时对土壤有什么要求？

医蛭与金线蛭产卵时对土壤的要求是含水量为30％～40％，不干不湿，透气性良好。土壤过湿，容易结板不利于透气；土壤过干，蛭茧容易失水，不利于孵化。水蛭越冬时，岸边或池边的土壤也要松软透气。

38. 水蛭对光照有什么要求？

水蛭的体表还有许多光感受器，对光的反应较敏感，具有避光的特性，这种特性决定了它的昼伏夜出的行为习性。日出时它就躲在石块、土壤、草丛下潜伏不动；日落后，光线较弱时，它又出来活动，常附在水草等物上或到岸边的潮湿草丛中活动。晴天不活动，阴雨天却非常活跃。白天人为遮光处理后，水蛭体亦能浮出

水蛭高效养殖技术有问必答

活动。虽然水蛭有避光性，但并不是不需要光，在无光的情况下，水蛭会生长缓慢，甚至出现不繁殖的情况。所以人工养殖时，应将浮叶植物和沉水植物作适当比例搭配，以避免强光的直射，营造适宜的弱光环境，促进其健康地生长和发育。

第三章　水蛭的饵料

第一节　水蛭的营养需求

39. 水蛭的生长发育对营养有什么需求？

水蛭的生长发育需要五大营养物质：蛋白质、脂肪、糖类、无机盐和维生素，水蛭在不同的生长发育阶段或不同的生活环境中，对营养物质的需求也不一样。因此，充分了解水蛭在不同生长发育阶段的营养需求以及各种营养物质的作用特性，对促进水蛭的健康成长，提高产量有着重大的意义。

40. 蛋白质对水蛭的生长发育有什么作用？

蛋白质构成水蛭体内各器官组织细胞的主要成分，蛋白质结构的基本单位是氨基酸，有生物催化、代谢调节、免疫保护、运动与支持、生长、繁殖、遗传和变异的作用，还能供给能量。

水蛭体内的各种色素、激素、抗体、酶类等是由蛋白质组成的，其对蛋白质的需求量较高，当饥饿时就分解体内的蛋白质作为主要能量物质来维持生命。因此，蛋白质的缺乏会影响蛭体的生长。幼年期的水蛭对蛋白质的需求量为饵料总量的 30％左右，随着个体增长，所需蛋白质占饵料的总量也逐渐增加，繁殖期的水蛭蛋白质需求量达到 80％左右。在人工养殖过程中应该注意蛋白质饵料的补给是否达到要求。

41. 脂肪对水蛭的生长发育有什么作用？

脂肪是重要的能量物质，可以分解供给热能，构成身体组织，供给必需脂肪酸，在分解转化和吸收利用过程中，可以形成激素和其他内分泌腺所分泌的各种物质。虽然水蛭体内脂肪含量不多，但广泛分布于体内各个组织中，尤其在繁殖期和冬眠期，水蛭是靠贮存在脂肪组织中的脂肪维持生理需要。因此，脂肪是水蛭生长于繁殖不可缺少的营养成分。由于水蛭能将糖类转化为脂肪，一般饵料中都含有一定量的糖类和脂肪，故水蛭的脂肪营养需求是很容易满足的。

42. 糖类对水蛭的生长发育有什么作用？

糖类是主要的能量物质，一是能满足水蛭组织细胞对能量的直接需要；二是转化成糖原并贮存在身体组织中，以备不时之需；三是转变为脂肪，储备能量。

43. 维生素对水蛭的生长发育有什么作用？

维生素是组成辅酶或辅基的重要成分之一，维持着水蛭正常生理功能，是必不可少的营养成分。水蛭体内如果缺乏维生素，就会使一些酶的活性失调，导致新陈代谢紊乱而出现疾病。例如，长期缺乏维生素 A，就可能发生肌肉萎缩、爬行缓慢等症状。

44. 无机盐对水蛭的生长发育有什么作用？

无机盐包括钙、钾、磷、钠、硫、氯、镁、锰等元素，对组织和细胞的结构很重要。水蛭体内的无机盐离子可以调节细胞膜的通透性，控制水分，维持正常渗透压和酸碱平衡，帮助运输普通元素到全身，参与神经活动和肌肉收缩等。有些为无机或有机化合物以构成酶的辅基、激素、维生素、蛋白质和核酸的成分，或作为多种酶系统的激活剂，参与许多重要的生理功能，可以提高水蛭对营养物质的利用率。

第二节　水蛭饵料种类及采集

45. 水蛭的饲料可以分为哪几类？

根据营养成分可大致将水蛭的饲料分为以下三种。

（1）青绿饲料　如浮萍、菠菜、白菜、马齿苋等虽然粗蛋白含量较低，无氮浸出物较低，但可以作为幼期水蛭的辅助饵料，同时也可以作为水蛭的天然饵料。

（2）能量饲料　如玉米粉、麦麸、米糠、燕麦粉等，无氮浸出物含量较高，蛋白质含量较低，是幼龄水蛭和准备越冬前的成龄水蛭的主要饵料。

（3）蛋白质饲料　如动物血、豆饼、蚕豆、豆腐渣等，蛋白质含量较高，尤其是动物性饲料，粗蛋白含量更高，是生长期、成年以及繁殖期水蛭的主要饵料。

46. 人工养殖水蛭如何解决饵料问题？

随着水蛭养殖业的日益发展，如何有效地解决水蛭饲料来源问题成为水蛭养殖业中的一大难题，特别是大规模的养殖场对水蛭饲料的需求不是仅仅靠人工采集或灯光诱捕所能解决的。因此，如何科学合理地生产饲料、使用饲料使水蛭健康成长、繁殖，是养殖场亟待解决的问题。

目前，养殖水蛭的主要饲料有动物血、蚯蚓、螺类、河蚬、水中浮游生物小昆虫等。如果以动物血为主要饲养原料的话，就需要有一个固定的供血源，比如与屠宰场合作，保证原料的供应，也可以血粉为主要原料，再做成全价饲料，其中血粉中不能加盐，血粉含量一般占80%，其他植物蛋白占10%，能量饲料占7%、青绿饲料占3%，可适当添加一些维生素、微量元素等，保证饲料能满足水蛭的营养需求。如果水蛭的直接天然饵料是螺类，则可以重点养殖田螺、福寿螺，从野外引种，根据田螺、福寿螺的生活习性、食性特点进行人工养殖，注意控制水质。蚯蚓是喂养水蛭的优质蛋白质饲料，且养殖成本低，简单易行，占地面积小。因此，养殖场应根据养殖品种的食性喜好来生产饲料，这样可以做到事半功倍。

47. 水蛭的天然饵料有哪些？如何采集？

水蛭的天然饵料包括直接吸食的饵料，如蛙类、螺类、鱼类、浮游生物等，还包括另一部分是作为水蛭饵料动物的饵料，如蛙类所需的昆虫等，也可叫间接饵料。

水蛭直接饵料的采集方法如下。

（1）螺类的采集　选择螺类比较集中的水库、池塘、河流、湖泊等地方，用网直接捕捞。

（2）蛙类的采集　一般采用人工捕捉法，白天可用昆虫作诱饵垂钓，当蛙吞住诱饵时，迅速钓入布袋或纱网内，捕捉后要将蛙及时放入水蛭池中。晚上可用光线较强的电筒照射蛙，蛙一般在直射的光照下不知所措，这时即可抓入袋中。

（3）水蚯蚓的采集　水蚯蚓多分布于肥沃的污泥或水域中，常呈片状分布。采集时将淤泥、水蚯蚓一起装入网中，然后用水淘净淤泥，取出水蚯蚓放入水蛭池中。

48. 如何使投喂剩余的活饵料能被长时间利用？

一般水蛭喜欢叮咬活饵料，对于那些投放入池中未被取食完的活蛙类、螺类，要适当的投入些供其采食的饵料（又称水蛭的间接饲料），比如蛙类采食的昆虫，螺类、水蚯蚓等采食的水生生物以及腐质等，以保证这些剩余饵料能被长期地利用，不造成浪费。那么如何能捕捉到间接饲料呢？这里有几个比较简单易行的方法。

（1）昆虫的采集

① 人工捕捉　人工捕捉田地、菜地里的各种害虫，如棉铃虫、造桥虫、菜青虫、地老虎等，用来喂蛙类，可变害为利，节省资源。

② 纱网捕捉　主要捕捉能飞善跳的昆虫，如蚱蜢、飞蛾等。捕捉时手持网，在田间地里或草丛中来回扫动，将收集到的昆虫用水沾湿以防逃跑，再投入水蛭池中，供蛙类食用。

③ 灯光诱捕　利用一些昆虫的趋光性，在水蛭池上方、周围或附近设置灯光，在夜间诱捕昆虫。光源可根据实际情况选择高压汞灯、黑光灯、白炽灯等，其中以高压汞灯、黑光灯的效果最好。高压汞灯可悬挂在水蛭池上方，高低可适当调整。用黑光灯诱捕还需要专用的设施，灯管要垂直安装，上面有防雨帽，下面设置有集虫漏斗，灯管三面装有玻璃或铝片等，制成长方形的挡虫板。

④ 气味诱集　在养殖池边种植花草，或堆放人、畜粪、动物内脏来诱集苍蝇或者其他昆虫。

（2）蜗牛的采集　蜗牛常分布于阴暗潮湿的落叶、石块下，晚上或雨后出来活动，可以直接捕捉，然后放到水蛭池内。

（3）水蚤的捕捞　一般分布于阳光充足的池塘、水田、缓慢流动的溪流及盆景石缸中，污染不很严重的死水里很多，呈粉红色，有时成千上万地集在一起。用铁丝做一个环并固定到竹竿上，用尼龙纱窗蒙面，再用纱布做一个布兜装到铁丝环上就可以了，拿着工具在水边来回地搅

动，让水从网兜中流过就能收集到水蚤了。将捕捞到的水
蚤投入水蛭池中。

（4）蚯蚓的采集　可以在潮湿土壤或有机质丰富的地
方挖取采集，也可以用畜粪或枯枝枯草进行堆放诱集蚯
蚓，这个方法简单有效。

第四章　水蛭养殖场的建造

第一节　投资准备

49. 人工养殖水蛭投资前需要做好什么准备?

　　水蛭养殖是一项新兴事业,过去这方面的技术和经验很缺乏。因此,首先要做好市场调查,了解当前水蛭养殖的新动态和市场供求信息,找到可靠的销售渠道。其次,掌握水蛭的养殖技术,学会水蛭的初加工技术,掌握基本的经济核算知识。条件较好的地区,想从事水蛭养殖业的人员,最好先参加学习培训,找到相关书籍学习,在掌握一定理论知识的基础上,再到养殖场实地参观学习,经过深入研究后再动手养殖。此外,还需要政府的大力支持,投入一定的人才和资金,引导人们走科学正确的养殖路。任何一项养殖业的兴起、发展和巩固都离不开政府的支持和科学技术,只有这样,才能够避免盲目投资,确保养殖成功,获得比较理想的经济效益。

50. 人工养殖水蛭需要哪些物力和财力的投入?

　　人工养殖水蛭需要物力和财力的投入主要有以下几个方面。

（1）养殖场地或者水域　需要养殖者根据实际情况选择一个合适的养殖场地，可以是池塘、水田等，具体的选址要求将会在下节详细介绍。

（2）场地围栏　场地围栏的长短、大小及材料，投资的多少要根据实际情况而定。

（3）种源　水蛭的种源可从野外采集，也可以购买。野外采集需要注意对水蛭品种鉴别有一定了解，选择好自己想养殖的品种，防止品种混杂和没有经济价值的水蛭混入。目前市场上出售的种水蛭质量差异较大，不同品种，不同大小可能售价不一样，因此，养殖者在购买时需要慎重考虑。

（4）饵料　水蛭养殖数量少的养殖户，基本上不用花钱在水蛭的饵料上，但是大型的养殖场就必须考虑水蛭的饵料问题。

（5）其他投入　其他投入包括水电、运输、机械设备、药品等的购置和建设。

以上各项投入均应先进行预算，并量力而行，最后确定养殖场的规模。

第二节　养殖场地的选择及建造

51. 怎样选择养殖场地？

选择一个合适的养殖场地，是建好养殖场，养好水蛭的关键，因此，在选址上要考虑周到，细心评测，尽可能地做到经济实用，合理安全。为了保证水蛭有一个舒适的生活环境，能健康地发育繁殖，在选址上需要考虑以下几个方面。

（1）充分考虑水蛭的生活习性 水蛭具有水生性、野生性、变温性和特殊的食性，喜欢温暖、安静、动植物繁多的场所。噪声、震动对水蛭的生长很不利，因此，应该离交通主要干线和车辆来往频繁的交通沿线有一段距离，远离噪声、震动较大的飞机场、工厂等地区。

（2）地形 地形的选择应该以背风向阳、四周环境良好为宜，这样，可以充分利用春、秋季光照时间，延长水蛭的生长期；冬季则可防风抗寒，使水蛭能安全越冬。

（3）水源 选址的地方最好有可靠的水源，同时水质要没有污染。水质的好坏对水蛭的生长起很重要的作用，因此要考虑水源周围是否有化工厂，水体是否受到污染。如果出现水的颜色异常、浑浊度增大、悬浮物增多、发出恶臭等现象，绝对不能使用。同时还要考虑该水域在近年来水位的变化情况，保证做到旱时有水，涝时不淹。

（4）土质 不同种类的土壤，其 pH 值、含盐种类及数量、含氧量、透水性和含腐物质上有差异，对水生生物有一定的影响。因此，在选择场地时，要考虑当地土壤情况。

（5）交通 养殖场所在地离交通主干线最好不要太远，方便运输。另外，养殖场还需要保证电的供应。

（6）排灌　养殖池的水位应该能控制自如，排灌方便，因此，不能选太低洼的地方建场。

（7）饵料　场址所在地应该是比较容易获得水蛭饵料的地方。

52. 怎样建造大型养殖池？

养殖池一般应坐北朝南，东西走向，池深 0.5～1 米，池的长宽要根据养殖规模的大小、场地条件及养殖场的建造方式灵活掌握。

（1）围栏及隔离沟的设置　在池塘的四周采用 1 米高的尼龙网（即围栏），其中 20 厘米埋入地下，埋网前撒放石灰，每隔 1 米处栽一根支撑柱，支撑柱放在隔离网外面，并在池塘周围设置隔离沟，隔离沟宽 40 厘米深 40 厘米，以防蚂蚁、蛇、青蛙等天敌爬过平台侵食水蛭。

（2）池底处理　如果养殖池渗水，则要先对池底进行防渗处理，如用三合土打垫，铺设塑料薄膜等，再在处理后的池底铺上一层 4～6 厘米含有机质较多的泥土，增加水质肥力。最后在泥土上放些大小适中的鹅卵石，以供水蛭附着和隐蔽。

（3）投料台的设置　投料台是投放饲料的地方，在养殖池较小的情况下，可在养殖池对角点上建造木质饲料台，既方便人工投料，又可养成水蛭定点吸食的习惯，以便提高饲料利用率。投料台可用 1 厘米见方的木条，钉成 1 米^2 大小的木框，用塑料纱窗钉上即可，或者用芦苇、竹皮、柳条和荆条等编织成圆形台。然后将投料台固定在水中，最好能在投料台周围设置防护栏网，水蛭可以直接进入，而其他动物不能进入，防止干扰水蛭的正常取食。养殖池较宽时，则要适当增加投料台或使投料台深入养殖池。

（4）注水口和排水口　在养殖池内装置注水口和排水口，注水口一般高出水面10厘米，排水口有两个，一个为超水面排水口，如果水过多会自动排出池外，保持固定水位；另一个排水口需要清理池塘时，可全部将水排干净，在排水口用一层网罩包扎起来，预防水蛭外逃。有条件的可以在池边打井，靠近井的地方建晒水池，以便调节水体温度。

（5）产卵台的设置　在水池中间设置水蛭产卵平台，宽1.5～2米，设计高出水面20～25厘米，平台上堆放30厘米厚的松土。

（6）养殖池的绿化处理　在陆地表面要种植一些树木和草皮，靠近养殖池处还可以种植一些藤萝植物，攀向养殖池，起到遮阳避光的作用。在产卵平台中间种蒲公英、草皮等植物，蓄水保湿。同时在养殖池底部也要种上水草类植物，为水蛭创造一个适宜的生活环境。

53. 养殖池的建造方式有几种？

水蛭养殖池的建造方式可因地制宜，采用多种建造方法，一般常见的有三种，即池塘式、中岛式和水沟式（图4-1～图4-3）。

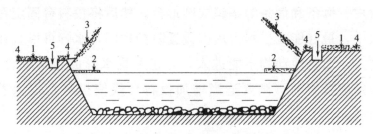

图 4-1 池塘式

1—陆地；2—饲料台；3—遮阳棚；4—围栏；5—防逃沟

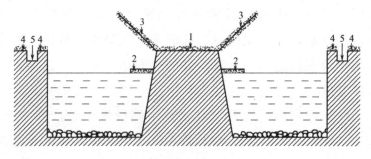

图 4-2 中岛式

1—陆地；2—饲料台；3—遮阳棚；4—围栏；5—防逃沟

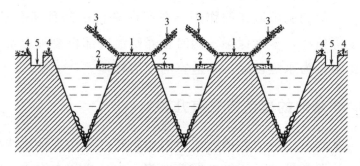

图 4-3 水沟式

1—陆地；2—饲料台；3—遮阴棚；4—围栏；5—防逃沟

第三节　水蛭越冬日光温室的建造

54. 为什么要建日光温室？

在自然界中，水蛭在冬季都会进入冬眠状态，停止生长。为了使水蛭能安全越冬，提高产量，增加经济效益，通常是人为地打破水蛭的冬眠习性，使其在冬季也能正常的生长繁殖，这就要采用日光温室。

55. 日光温室的建造原则是什么？

日光温室是靠太阳的热辐射来获得热量的，夜间的热量也主要靠白天积累的太阳热辐射。如果冬天温度太低，在室内则需要人工加温。因此，不同地区的温室建造方式、增温措施是不相同的，应当根据当地实际情况建造。建造日光温室除了要经济实用，还要考虑以下几个原则。

① 采光蓄热和保温性能良好；

② 规格尺寸和规模大小适当；

③ 有足够的强度，能抵御强风、降雪等恶劣天气，能承载一定负压；

④ 能够合理地调节温度、光线、水质、空气等环境条件；

⑤ 建造材料尽量就地取材，注重实效，降低成本。

56. 日光温室建造的要点是什么？

为了能更充分地利用太阳能量，我们在建造日光温室时，应重点考虑以下几个要点。

（1）温室的方位　温室的方位一般都是坐北朝南，东西延长。在实践中有人主张朝南的方位要稍微偏东，这样可以提早接收日照，以尽快提高温室内的温度。也有人主张朝南偏西，这样做的优点是可以延长下午的日照时间，有利于蓄热。但无论哪种方式，偏向角度都不宜超过10°。

（2）透明覆盖材料与采光　一般日光温室的覆盖材料选用的是塑料薄膜，厚度在0.08～0.12毫米之间，其中又分为普通薄膜和无滴水薄膜，无滴水薄膜可以减少水滴对光的反射，增加透光率，与普通薄膜相比，室内温度高2～4℃。

（3）阳光照射到薄膜屋面上以后，大部分透入室内，少部分光线被薄膜吸收和反射掉　薄膜的吸收率是固定的，我们的目的是最大限度地增加透光率，这样反射率就减少了。在实践中，透光率的大小与光线和薄膜间所成的入射角有一定的比例关系。入射角越小，透光率越高，反之则透光率越小。

57. 怎样设计日光温室？

日光温室的总体设计如下。

（1）跨度　温室的跨度是指从温室南侧底脚起到北墙内侧之间的宽度。跨度一般在6～7米之间，再配以一定的屋脊高度，可以保证较为合理的采光角度和较为便利的作业条件，也可以保证水蛭有充足的生活环境。

（2）高度 指屋脊到地面的高度。高度大，可以增加前屋采光效果，有利于白天的透光，增加容热的空间，但高度过大，晚上散热较快，不利于保温。从实践中得出，跨度为 6 米的日光温室，高度以 2.6～2.7 米为宜；跨度在 7 米的日光温室，高度以 3.1 米左右为宜。

（3）前后屋面的角度 屋面的角度是指塑料薄膜屋面与地平面平行的夹角。前屋面的角度大小对光的接收有直接关系，一般应控制在 23°～28°之间，具体角度要根据实际情况而定。后屋面的角度一般由后墙的高低来定，角度越大，越有利于吸收和贮存热能，但不利于晚上保温。

（4）墙体和后屋面的厚度 墙体的厚度一般在 0.8～1.5 米之间，不同地区有所不同，北方室外温度低墙体应厚些。后屋面的厚度一般可以为 0.4～0.7 米。

（5）通风口 主要用于调节室内的温度、湿度。通常采用 3 块薄膜对接的方法。第一道接口距屋脊 1～1.5 米，上片压下片 20 厘米左右；第二道接口距地面 1～1.2 米，下片压上片。接口处薄膜要加一道拉绳，可以缝合在薄膜边，增加拉力强度。

（6）进出口 面积较大的温室，在其中一头应设置作业间，在山墙上开门，作为出入口。出入口以方便出入为宜，不宜过大。

（7）防寒沟 在日光温室前底脚外侧挖一条地沟，沟深 40～60 厘米，宽 30～50 厘米，沟内填干草、碎秸秆等保温材料。最好在防寒沟的四周铺上旧薄膜，沟面用草泥盖严，防止雨水渗入沟内。

（8）温室长度　温室的长度要根据养殖场规模来定，一般在 30～60 米之间较为适宜。

58. 可以选择什么材料来建造日光温室？

日光温室的设计和建造要以就地取材，注重实效，低投入高效益为原则。

（1）骨架材料　可分为竹木骨架、钢筋混凝土预制件与竹拱竿混合骨架、钢筋或钢管骨架等多种方式。使用混合骨架较多，即柱、柁、檩等用钢筋混凝土预制件为主，南北方向用竹片，间隔 20～40 厘米，东西方向用 8 号铁丝，铁丝靠近屋脊的间隔应近些，固定在山墙外的地锚上。

（2）墙体材料　墙体材料一般可用土墙、砖墙和空心砖等。墙体的作用是减少室内温度的散失和冷空气的侵入。

（3）后屋面材料　总体要求轻、暖、严，并有一定的厚度，普遍采用玉米秸秆作房箔。

（4）保温材料　保温材料有草苫、棉被、无纺布等。

59. 如何建造日光温室？

（1）竹木结构　用竹木作立柱起支撑和固定拱杆的作用，横向立柱依横跨宽度而定，宽度可掌握在 10～15 米之间，设立 5～7 排立柱。最外量排立柱要向外稍倾斜，以增加牢固性。拉杆起固定立柱、连接整体的作用（图 4-4）。

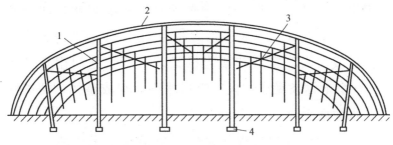

图 4-4 竹木结构日光温室

1—立柱；2—拱杆；3—拉杆；4—立柱横木

（2）混合结构　混合结构是用水泥、钢筋、竹木等材料混合建成，比竹木结构牢固耐用，但投资要高。可以用水泥立柱角铁或圆钢拉杆，竹拱杆，以铁丝压膜线，两根立柱间横架的拉杆要与立柱连接牢固，拉杆上设短柱，上端做成"Y"字形，以便捆牢竹拱杆，而且短杆一定要与拉杆捆绑或焊接牢固（图 4-5）。

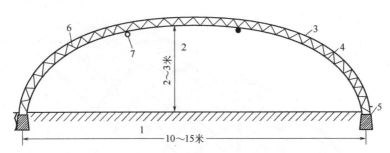

图 4-5　混合结构日光温室

1—大棚宽；2—中高；3—上弦；4—下弦；5—水泥墩；

6—上下弦之间的"人"字形钢条；7—拉杆

（3）无柱钢架结构　无柱钢架结构一般宽 10～15 米，长为 30～60 米，中高 2～3 米。由于无支柱，拱杆材料要用钢筋，因此，遮阳少，透光性好，坚固耐用，便于作业，但投资较大。一般采用直径为 12～16 毫米的钢筋直接焊接成"人"字形花架当拱梁，上下弦之间用直径为 8～10 毫米钢条做成"人"字形排列，焊成整体，两端固定在水泥墩上。

（4）无柱管架结构　无柱管架结构是采用薄壁镀锌钢管为主要材料建造而成。钢管材料规格为（20～22）毫米×1.2毫米，内外壁镀 0.1～0.2 毫米的锌层。单拱时拱杆间距离为 0.5～0.6 米；双拱时距离可达 1～1.2 米。上下拱之间用特制卡夹住并固定拱杆，底脚插入土中 30～50 厘米。顶端套入弯管内，纵向用 4～6 排拉杆固定在一起，有特制卡销固定拉杆和拱杆，呈垂直交叉状。为了增加牢固性，纵边四个角的部位可用 4 根斜管加固（图 4-6）。

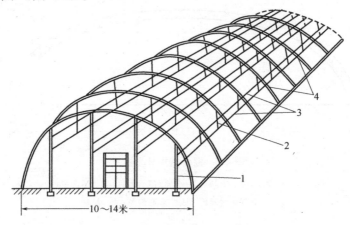

图 4-6　无柱管架结构日光温室

1—立柱；2—短柱；3—拉杆；4—竹子拱杆

第四节　水蛭的养殖方式

60. 水蛭的养殖方式有几种？

　　水蛭的养殖方式有两种：野外粗放型养殖和集约化养殖。要选择哪一种养殖方式，养殖者应当根据自己的实际情况，因地制宜。条件差的，可以就地取材，采用野外粗放型养殖；资金充足的，可以采用集约化精养方式，建立高标准的养殖池，通过工厂化养殖，为水蛭的生长繁殖提供较理想的生态环境，获得较高的单位面积产量。

61. 水蛭野外粗放型养殖有几种形式？

　　野外粗放型养殖是利用自然条件，通过圈定养殖范围后进行保护的一种养殖方式。一般有水库养殖、池塘养殖、沼泽地养殖、湖泊养殖、河道养殖、洼地养殖及稻田养殖等，这些养殖方式养殖面积较大，阳光充足，自然饵料丰富，投资小，收益大，但面积产量较低，不易管理，要时常注意防逃、预防自然敌害及水位的涨落变化等。下面简单介绍沼泽地养殖和稻田养殖。

　　(1) 沼泽地养殖　沼泽地的特点是水位浅，池底有机物、腐殖质含量多，浮游生物、水生动物丰富，水生植物茂盛。因此，只要做好消毒、防逃措施，即可放养水蛭。

　　(2) 稻田养殖　稻田的特点是水位浅，水温适宜，有水稻遮阳，含氧量丰富，饵料充足，很适合水蛭的生长繁殖。稻田养殖要选择排灌方便、水源充足、田土保水、肥力好的地块，四周用围栏圈起来（图4-7）。

图4-7 稻田养殖

62. 水蛭集约化精养有哪些方式？有弊端吗？

集约化精养是采用人工建池、投喂饲料的科学饲养方式，一般包括鱼塘养殖、场区养殖、室内养殖、庭院养殖以及工厂恒温化养殖等方式。水蛭集约化精养有以下几个特性。

（1）透光性强，水层波动小 一般水池水位较浅，波动也较小，阳光可透射到池底，这样有利于浮游生物、底栖植物的生长，为水蛭提供充足的氧与食物。

（2）水体颜色不定，水温波动大，呈季节性变化 水体的颜色常因为土质、水深、水中浮游生物生长繁殖情况的变化而变化。当浮游植物多时，水体呈绿色；浮游动物多时，水体呈黄色；腐殖质多时，水体多呈褐色或酱油色；水蚤大量出现时，水体呈红色。一年中冬季水体的温度最低，春季渐渐回升，其中5～9月份的水温是比较适合水蛭的生长繁殖的。一天当中，水体的平均温差低于空气的温差，相对较稳定。

（3）水质容易变坏 由于是密集养殖，空间有限，水体常常会因为投料后不及时清理剩余腐物而导致水质发生变化。如果发现水体有特殊的腐烂味、臭味，表示水体被污染，则要及时换水，防止水蛭大批量死亡。

（4）水体的酸碱度变化幅度在 pH6.5～9.5 之间，昼夜间有周期性的变化 一般黎明时，二氧化碳含量多，水的 pH 值下降（呈弱酸性），在白天，二氧化碳含量减少，水的 pH 值升高（呈弱碱性）。实践证明，中性或弱碱性的水体有利于水蛭的生长发育。

（5）氧溶量随水体温度变化而变化，与池中水生植物也有很大关系。

63. 用水泥池如何养殖水蛭？

用砖头、水泥、石灰等材料建造水池，规格为宽 3 米，高 0.8～1 米，长度不限，池底略向出水孔倾斜，以便于排放池水，池水深为 30～50 厘米，池壁不能刷光滑，应粗糙，以防水蛭外逃。新池要用漂白粉、石灰或高锰酸钾脱碱、消毒，浸泡 15 天后方可使用。池底放一些石头、瓦片，供水蛭隐藏，池中种少许水草如菊花草、睡莲、金鱼草等，池面放占其 1/5 面积的水葫芦，再放几块木板，几节大竹子漂浮于水面。用油毛毡、石棉瓦、竹片搭一个简易的遮阳棚（图 4-8～图 4-10）。

水泥池养的优点是容易捕捉、管理及防病，养殖密度

图 4-8 成年蛭池

图 4-9 幼苗蛭池

也可稍提高些。但缺点也不少：新水泥池完全脱碱较难，新池一般在 2 年内的养殖死亡率都很高。另外，水泥池没有土，只能种一些浮游性的水草。水底的净化和分解能力很差，水很容易变质。其次是成本太高，一亩（1 亩＝667 米^2，下同）地的水泥池成本在 3 万～4 万元左右，这是很多养殖户接受不了的。水泥池养殖虽能提高一些养殖

图 4-10 繁殖蛭池

密度，但也不能像一些炒种的养殖场夸张地说一亩可以有几千斤的产量。

64. 如何利用水沟养殖水蛭？

在田里或场地里挖水沟，宽 2 米，深 0.8 米，长度不限。清理干净，每平方米用 0.3 千克生石灰，溶于水后趁热泼洒消毒，浸泡一星期后放干水，再注入清水，必须放一些石头、瓦片、竹子等物，水葫芦可多放一些，但不要超过 1/3 水面。周边再设防逃沟，沟宽 12 厘米，高 8 厘米，用 80 目细网围一圈 80 厘米高的围栏，做好防逃、防天敌的工作（图 4-11）。

65. 利用鱼塘如何养殖水蛭？

利用鱼塘改造而成，鱼塘四周的杂草须清理干净，淤

图 4-11　沟式养殖

泥一定要清理干净，否则水蛭成活率会降低，用生石灰洒塘消毒（200 千克/亩），池塘对角设进出水口，塘四周用 80 目细网围一圈 80 厘米高的围栏，塘底多铺放一些石块、瓦片，水葫芦不超过塘面的 1/5，在水面上多放几块大木板、竹排，塘中建几个高出水面 20 厘米面积为 1 米^2 左右的土台，注意防天敌、防逃，设防逃网的位置要对。

66. 可以用网箱养水蛭吗？有什么优点？成本大吗？

用网箱养殖水蛭也是不错的养殖方式，即用细网做成规格不同的网箱，宽约在 5～8 米，长度不定的小网箱养殖，2 亩的水面放几个网箱；或是做成大网箱，即 2 亩的水面用 1 个或 2 个网箱，再在养殖池或塘里种上合适的水草供水蛭休息，投食时人工下水投喂，若水面宽的还可划小船投喂。

采用网箱养殖，与水泥池养殖，其优点是成本小、生长快，防逃、防天敌效果好，捕捞率高。

其实大网箱比小网箱的成本小，一个 3 亩面积的养殖池，做 5～8 个小网箱的成本是做 1～2 个大网箱成本的一倍以上。而用大网箱其溶氧量要比小网箱要高，水蛭的生长速度也稍快些。

67. 水蛭、泥鳅可以套养吗？

多数时间水蛭是爬在池边或漂浮物上，而不是一直在水里游动的，所以水蛭在水里游动和取食所占用的空间是不多的。用泥鳅套养是一个很好的方法，泥鳅可以吃一些水蛭吃不完的田螺，也可净化水质，还可以清除水蛭池的大量青苔。需要注意的是，投放的规格和时机要适当，以水蛭为主，泥鳅少量投放为辅。每千克泥鳅的价格也有二十多元，养殖面积大的场收获时泥鳅也是一笔不小的收入。

68. 大规模养殖水蛭可以采用缸养吗？

可用水缸、大盆子、水桶等容器养殖水蛭，这种方法简易灵活、操作方便，少量养殖可采用此法，用高锰酸钾消毒后方可使用。缸中放几块小瓦片及几株水草，水不要放得太满，盖上一个稍透光的竹编盖子。

第五章 水蛭的生长发育

69. 水蛭的生命周期有多久？

水蛭一般在3～4月份交配。4～5月份产卵，5月中旬小苗才出来。当年的水蛭小苗长到秋天就可以留作明年的种蛭，商品用的则加工成干品上市，当年的小苗过冬翌年可产卵。

人工饲养的吸血蛭类，血液是一种很重要的营养物质来源，对其生长发育起重要作用。孵化后的幼蛭，第1次吸入血量是体重的2倍多；第3个月吸第2次血，吸入血量是体重的4倍多；第5个月吸第3次血，吸入血量是体重的2倍多；第8个月吸第4次血，吸入血量是体重的3倍多；第11个月吸第5次血，吸入血量是体重的3倍多；第16个月吸第6次血，吸入血量是体重的1倍多。在第5次吸血后，第6次吸血前后，个体逐步开始产卵。生命周期共吸6次血，共吸入约12.5克/条血量，第4、第5次吸血阶段是蛭类生长发育的重要阶段，是蛭类繁衍后代的生命阶段，也是体重增长、体形明显变大的阶段，需要大量的营养物质为生殖做好准备。以菲牛蛭为例：从孵化出的幼蛭经14个月时间，吸血第5、第6次，生长发育达到性成熟，第1、第2、第3次吸血为幼体阶段，第4次吸血后进入亚成体阶段，第5次吸血后，部分个体达到性成熟，有的个体第 6 次吸血后进入性成熟阶段。生长曲线是一条跳跃式曲线。当环带区在生殖孔附近出现米黄色颗粒时，标志着性开始成熟。第 5 次至第 6 次吸血之间开始产卵袋，完成一个生命周期，历时 14 个月。

70. 水蛭的生长动态曲线和进食有什么关系？

比较蛭类生长动态曲线有两类模式：一类是连续生长动态曲线，这类生长动态曲线较平滑，这些蛭类每次取食量不大，而且较经常有机会取食，消化较快，因此，生长动态曲线较平滑；另一类是跳跃式生长动态曲线，如吸血种类每次吸血的时间间隔相当长，有的达到几个月，表明在其生活的环境周围不易有机会吸到一次血。生命周期吸血量是性成熟个体体重的 3 倍，即生长 1 克蚂蟥要 3 克血作为食物，生长过程为跳跃式生长。菲牛蛭每次吸血后体重大大增加，使生长动态曲线直线升高，生命周期中有 5～6 次升高，呈现出跳跃式生长动态曲线，跳跃升高最大的是第 4、第 5 次吸血后。

71. 温度对水蛭的生长有什么影响？

温度对蛭类的生长、活动影响非常大。春天回暖时，气温回升的快慢及水田中灌溉水的先后直接影响到田埂中水蛭的出土时间，比如医蛭和金线蛭在平均气温为 10～13℃时开始出土。冬天来临，气温低于 10℃以下，医蛭就开始进入水边较松软的土壤中越冬，潜伏深度一般为

15～20 厘米。当水体温度不到 11℃ 时水蛭不能繁殖，22～28℃ 是其最适合生长温度，当温度高于 30℃ 时开始影响生长。水蛭不耐高温，如果把它放在 43℃ 热水里，它就要离水外逃，当水温升至 45℃ 时，水蛭沉底蜷缩，48℃ 时死亡。

72. 动物血对水蛭的生长发育有什么影响？

在广西大学水产养殖基地以贴近生产实际为原则，在人工养殖菲牛蛭时选择添加猪血、牛血、鸡血，看何种动物鲜血凝块（不加盐）最有利于获得最大的经济效益。

同时，在试验过程中，遵循一致性原则，即各组菲牛蛭体重、年龄、健康程度和均匀度基本一致的原则（表5-1）。

表 5-1　试验分组

组别	菲牛蛭数/条	添加动物血块种类
Ⅰ组	100	无
Ⅱ组	100	牛血
Ⅲ组	100	猪血
Ⅳ组	100	鸡血

每个试验组 100 条，试验期间各组除了喂福寿螺等基本食物外，每 3 天定时给 Ⅱ、Ⅲ、Ⅳ 养殖箱分别多投喂等量的牛血鲜血凝块、猪血鲜血凝块和鸡血鲜血凝块，饲养一个月。根据单因素法，保持其饲喂条件如温

度、湿度、水质等基本相同，试验期定期称重 4 次，测定不同种类动物血块对菲牛蛭生长性能的影响。在试验期内详细记录菲牛蛭采食不同种类动物血块的速度、食量等，以及各组菲牛蛭的异常情况，如疾病、厌食、死亡等情况。

由图 5-1、图 5-2 及表 5-2、表 5-3 可以看出，在人工饲养菲牛蛭时，若定期、定量给菲牛蛭添加一定的新鲜动物血块能明显且快速地提高菲牛蛭的生长速度，且根据投喂不同动物血块料重比情况来看，添加新鲜猪血血块及新鲜牛血血块对菲牛蛭的生长性能有显著的效果，其中，又以添加新鲜猪血凝块获得最低的料重比，即最高的经济效益。添加猪血凝块能获取最高的增重百分比和条平均增长比，且获得最低料重比。而添加牛血在获取较高的增重百分比的同时，还获取较高的存活率。添加鸡血，菲牛蛭增重不明显且易导致疾病，致使菲牛蛭的死亡率增高，存活率降低。

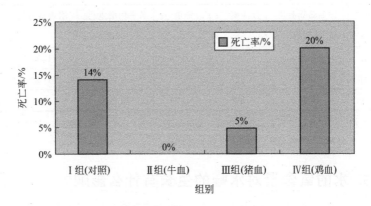

图 5-1 投喂不同动物血菲牛蛭死亡率情况图

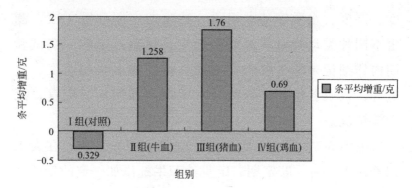

图 5-2   投喂不同动物血对菲牛蛭平均增重影响图

表 5-2   菲牛蛭对不同动物血块的采食情况表

组别	投喂量/克	剩余量/克	进食量/克	料重比
Ⅰ组（空白）	0	0	0^c	0^c
Ⅱ组（牛血）	1155.7	684.2	240.4^b	2.00^b
Ⅲ组（猪血）	1166.5	684.5	242.9^b	1.56^b
Ⅳ组（鸡血）	1176.3	482.3	340^a	9.41^a

注：同列数据中肩标字母不相同，差异显著（$p < 0.05$）；字母相同，差异不显著（$p > 0.05$）；p 表示假设概率，下同。

表 5-3   不同种类动物血块对菲牛蛭的生长性能影响情况

组别	添加动物血块	存活率/%	总增重/克	条平均增重/克	增重百分比/%
Ⅰ	对照组	86^c	−40.5	−0.329	$−49.17^d$
Ⅱ	牛血	100^a	120.1	1.258	125.76^b
Ⅲ	猪血	95^b	155.4	1.760	175.99^a
Ⅳ	鸡血	80^c	35.81	0.690	72.40^c

注：同列数据中肩标字母不相同，差异显著（$p < 0.05$）；字母相同，差异不显著（$p > 0.05$）。

73. 水的氧含量对水蛭的生长有什么影响？

在广西大学水产养殖基地，对饲养的菲牛蛭进行的氧

含量对菲牛蛭生长的影响实验如下（表 5-4～表 5-6）。

表 5-4　试验处理设计

分组编号	菲牛蛭数量	投放气石数量	溶氧量
Ⅰ	总重 500 克(约 500 条)	0 个	2 毫克/升
Ⅱ	总重 500 克(约 500 条)	2 个	4 毫克/升
Ⅲ	总重 500 克(约 500 条)	3 个	6 毫克/升
Ⅳ	总重 500 克(约 500 条)	4 个	8 毫克/升
Ⅴ	总重 500 克(约 500 条)	6 个	9 毫克/升

表 5-5　不同溶氧量对菲牛蛭生长体重的影响

溶氧量/(毫克/升)	平均增重/克	溶氧量/(毫克/升)	平均增重/克
2	-1.33^b	8	-0.10^c
4	3.03^a	9	-1.95^b
6	-0.99^b		

注：平均增重一列，不同肩标表示差异显著（$p < 0.05$）。

表 5-6　不同溶氧量理下对菲牛蛭活动状况的影响

溶氧量/(毫克/升)	平时状态	进食情况	应激表现	死亡率/%
2	平静	正常进食。整个吸食约 100 克血块过程持续约 3 小时	反应灵敏,恢复平静所需时间短	3.20^c
4	平静	正常进食。进食整个吸食约 100 克血块过程持续约 3 小时	反应较灵敏,恢复平静所需时间较短	3.80^c
6	较平静	积极进食,整个吸食约 100 克血块过程持续约 2 小时	反应较灵敏,恢复平静所需时间中等	4.60^b
8	活跃	积极进食。整个吸食约 100 克血块过程持续约 2 小时	反应较敏感,不容易恢复平静	5.40^b
9	很活跃	反应非常积极。整个吸食约 100 克血块过程持续约 1 小时	很敏感,反应很激烈,很难恢复平静	29^a

　　从表 5-5 中 5 个氧容量浓度对菲牛蛭生长体重的影响的数据可以得知，在喂食、饲养温度等其他饲养情况相同

的情况下，只有第二组的菲牛蛭的平均体重出现增长，其他各组菲牛蛭都出现了不同程度的平均体重下降的情况。

从表5-6中可以看出，在喂食、饲养温度等其他饲养情况相同的情况下，随着氧浓度的增加，菲牛蛭的活跃状况逐渐增强，氧气浓度较低时，菲牛蛭活动量不是十分大，而当氧气浓度达到饱和时菲牛蛭表现得十分兴奋，从死亡率的情况上看，第Ⅴ组菲牛蛭死亡现象尤为严重。

因此，在进行人工饲养菲牛蛭的过程中控制溶解氧的浓度达到4毫克/升时最佳，能保证菲牛蛭的正常生长，并且活跃程度适中，既能积极摄食又不至于过于敏感。溶氧量过多则出现逃逸损失或患气泡病死亡。

74. 酸碱度对水蛭的生长有什么影响？

酸碱度是一种主要的生态因子，各种水蛭对它都有不同的忍耐限度和适应范围。广西大学水产基地对饲养的菲牛蛭进行的酸碱度对菲牛蛭生长的影响实验如下。

以接近生产实际为原则，在pH值4.0～8.0之间确定菲牛蛭的最适生长pH值（表5-7～表5-10、图5-3～图5-5）。

水源为自来水，溶解氧保持在4毫克/升左右，pH=6.7。

15升自来水：

pH4.0，加入盐酸11.3毫升

pH5.0，加入盐酸7.2毫升

pH6.0，加入盐酸3.0毫升

pH7.0，加入氢氧化钠（氢氧化钠：水＝1克：

10.42毫升）7.9毫升

pH8.0，加入氢氧化钠（氢氧化钠：水＝1克：10.42毫升）19.2毫升

表 5-7　实验分组设计

相对增长率　时间　　pH 值	0 天	10 天	20 天	30 天
4.0	0	-17.5^d	-21.5^d	-36.2^d
5.0	0	4.9^b	6.6^c	7.6^c
6.0	0	6.1^a	8.9^b	18.3^b
7.0	0	6.5^a	21.2^a	49.4^a
8.0	0	3.3^c	8.4^b	12.8^b

注：采用先调准 pH 值再投放菲牛蛭的养殖方法。

表 5-8　不同 pH 值条件下菲牛蛭的相对增长率

组别	编号	pH 值	菲牛蛭数/只	相对增长率
1	26	4.0	50	-36.2^d
2	27	5.0	50	7.6^c
3	28	6.0	50	18.3^b
4	29	7.0	50	49.4^a
5	30	8.0	50	12.8^b

注：相对增长率一列，不同肩标表示差异显著（$p < 0.05$）。

由表 5-8 的数据及图 5-3 可以看出，在相同的菲牛蛭数量下（50 只）在 pH7.0 条件下，其相对增重率显著高于其余各组，达到了 49.4%。由图 5-3 可以知道，菲牛蛭在 pH4.0 条件下相对增长呈负值，即说明菲牛蛭在 pH4.0 条件下不能生长，体重不断下降。pH5.0、pH6.0、pH7.0、pH8.0 条件下菲牛蛭的体重均为正值，

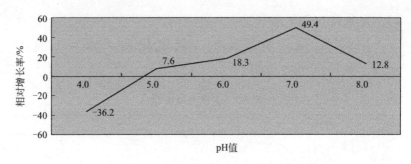

图 5-3 30 天后不同 pH 值条件下菲牛蛭的相对增长率

即说明在 pH5.0、pH6.0、pH7.0、pH8.0 条件下菲牛蛭处于生长状态，体重上升；其中 pH7.0 条件下的菲牛蛭体重增长幅度明显大于 pH5.0、pH6.0、pH8.0。以上数据显示在 pH7.0 条件下菲牛蛭生长最快。

表 5-9 不同 pH 值条件下菲牛蛭的死亡率

死亡率 ＼ 时间 pH 值	0d	10d	20d	30d
4.0	0	10[d]	10[c]	6[c]
5.0	0	2[b]	2[b]	0[a]
6.0	0	0[a]	0[a]	0[a]
7.0	0	0[a]	0[a]	0[a]
8.0	0	6[c]	2[b]	2[b]

注：死亡率一行，不同肩标表示差异显著（$p < 0.05$）。

由表 5-9 的数据可以看出，在相同的菲牛蛭数量下（50 只）在 pH4.0 条件下，其死亡率显著高于其余各组，分别达到了 10%、10%、6%；另外由图 5-4 可以知道，菲牛蛭在 pH4.0 条件下累计死亡率明显高于其他各组，为 26%，即说明菲牛蛭最不能适应 pH4.0 的条件。

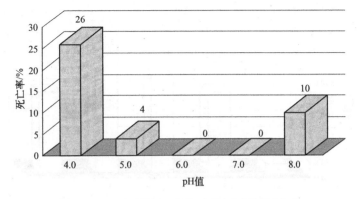

图 5-4　30 天不同 pH 条件下菲牛蛭累计死亡率

pH5.0、pH8.0 条件下菲牛蛭分别出现死亡，30 天累积死亡率 pH5.0 为 4％、pH8.0 为 10％，说明菲牛蛭不能够完全适应 pH5.0、pH8.0 的条件。pH6.0、pH7.0 条件下的菲牛蛭没有出现死亡，可以说明菲牛蛭可以适应 pH6.0、pH7.0 的条件，能正常的活动和进食。

表 5-10　不同 pH 值条件下菲牛蛭的进食量

pH 值	平均进食量/(克/次)	总进食量/克
4.0	4.7[d]	28.0[d]
5.0	41.7[c]	250.4[c]
6.0	50.3[b]	301.7[b]
7.0	66.6[a]	399.5[a]
8.0	41.9[c]	251.5[c]

注：1. 每组菲牛蛭每次投喂量为（120.0±4.0）克。

2. 平均进食量、总进食量一列，不同肩标表示差异显著（$p < 0.05$）。

表 5-10 和图 5-5 则可以看出，在投喂等量新鲜鸡血凝块的条件下，pH4.0 条件下的菲牛蛭总进食量最小，为 28.0 克，即说明在 pH4.0 条件下的菲牛蛭在 30 天内

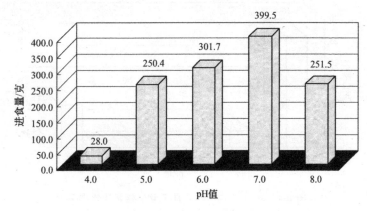

图 5-5　30 天不同 pH 条件下菲牛蛭总进食量

基本不能进食；pH7.0 条件下的菲牛蛭总进食量最大，其平均进食量显著高于其他各组，达到 399.5 克，即说明pH7.0 条件最适宜菲牛蛭进食及日常活动。

第六章 水蛭的人工繁殖技术

75. 水蛭引种的方法有几种？

水蛭引种的方法一般包括人工引种和野外采集。野外采集是通过捕获野生水蛭进行自繁，这种方法简单易行。夏季从天然水域中捕捞，选择健壮粗大、活泼好动、用手触之即迅速缩为一团的成年水蛭，放入池中保种越冬，第二年水蛭即可自行繁殖，这样的水蛭怀卵量多，孵化率高。另一种方法是购种，到人工养殖场选择大小整齐、活跃有力，伸曲有度的幼蛭作苗种，也可以引入年龄在 2 年以上的种蛭。

76. 什么时候引种最好？

引种季节一般在春夏之交为好，这时气温上升，水蛭解除冬眠出来活动、觅食。选择雨天或气温在 25℃ 左右时较好，种蛭下水后成活率可在 90％ 以上，此季节引入种蛭经过充分适应新环境并顺利保种越冬后，第二年春天每条均可交配产茧，不但提高成活率，而且还提高产卵率。

77. 如何挑选种蛭？

种蛭的优劣不仅直接影响其产卵量、孵化率、幼蛭成活率，还对蛭的生长发育有很大的影响。引种的标准是：健壮、无伤，反应灵敏，用手触摸会迅速缩成一团；手握富有弹性，活动能力强，表面光滑，体表黏液较厚，在水中游动迅速，能很快找到隐蔽场所，规格约每条 20～40克。此种水蛭产卵多，孵化率高，早春放养，6 月份即可长成、加工出售。

78. 野外采集水蛭的最佳时间是什么时候？

根据水蛭的生活习性，通常是在夏季进行采集，采集的场所为水蛭经常出没的地方，采集时间最好是在水蛭活动的高峰期，如上午 8 点到 10 点，下午 4 点到 6 点。

79. 在野外怎样采集水蛭？

（1）竹筒捕捉法　用直径 10 厘米以上的大竹竿，锯成 60 厘米长的几段，劈成两半，将中间的节疤去掉，然后在竹筒内涂上新鲜的蛙血（或家畜、家禽血），按照原来的形状绑牢，放在水蛭经常出没的地方，竹筒淹没在水面下 5 厘米处，用棍棒将水搅动，以便让蛙血的腥味四处扩散，水蛭闻到血腥味后纷纷游过来，进入竹筒吸吮蛙血，第二天即可将竹筒从水中拿出来，竹筒里面就会有许多水蛭。

（2）草束捕捉法　将稻草扎成 60 厘米长的一束，前后端都要绑，但不要太紧，黏上蛭血，置入水田或池塘中，水蛭就会游到草束上吸血，一天之后取出草束，即可捕捉到水蛭。

（3）簸箕捕捉法　将刚杀死的蛙（或猪肺等动物内脏）用纱布包好，绑在簸箕里面，然后放在水蛭经常出现的水域，要吊入水面下 20 厘米处，水蛭就进入簸箕中吃东西，第二天将簸箕提起来，收获颇丰。

捕捉到水蛭后，选择体大健壮、体重 20～40 克、无伤无病、活泼好动者作种用。在将水蛭放入养殖池之前，可用 2％食盐水浸洗消毒 5 分钟，从水田、池塘带回的水不要倒入养殖池中。

80. 在野外怎样采集水蛭的卵茧？

通过采集水蛭的卵茧进行人工孵化，也是大量获取种源的一个简单易行的方法。采集卵茧的时间一般在每年的 4 月中下旬，在水沟边、河边、湖边等潮湿的泥土中，发现有 1.5 厘米左右孔径的小洞后，可沿着小洞向内挖取，即可采集到泡沫状的水蛭卵茧。在采集卵茧时要十分小心，不要用力夹取，否则会损伤卵茧内的胚胎。

81. 如何进行人工孵化卵茧？

水蛭产茧后经过一周的时间，休息后逐步恢复，开始从泥土中爬出，进入水中寻找食物。人工将卵茧从泥土中取出，收集后进行适当挑选，分出大小茧型和颜色的识别，根据大小、老嫩分开，孵化器可以是泡膜箱或塑料盆，盆内先放一层 1～2 厘米厚的沙泥土或松土，沙泥土湿度在 40％左右之间。孵化房空气湿度保持在 70％左右，接着将卵茧平放在松土上，将卵茧有小孔的一端朝上，整齐排放在盆内，然后，在卵茧上再盖一层 2 厘米的松土，松土上放上一块保湿棉布或清洗干净的水草，室内如能保持 25℃以上，幼苗孵化时间将缩短于 15 天之内，即变胎出苗，但应注意的是，要经常观察孵化箱内的松土干燥程度，如发现过分干燥可用喷雾器进行适量加水，但不能出现明水过于潮湿。因此，孵化土的干湿程度，直接影响着孵化出苗率。

在自然界中，一般卵茧经过 20 天时间的孵化，幼苗从卵茧钻出茧外，但由于春季温差变化和阴雨季节，孵化时间将会延伸到一个月以上，再加上自然界天气变化大，有些卵茧因湿度过湿或缺乏湿度干燥，孵化不出幼苗，因此，要掌握防干保湿，严防鼠类天敌。

82. 水蛭引种前应做好什么准备？

（1）在引种前，对水蛭养殖池要做好消毒工作。

（2）准备好饲料 对于大面积池塘养殖，可以在水蛭投放前一个星期堆放畜禽粪便，以每公顷 3750～7500 千克为宜，堆放点应分布均匀，切忌大面积撒开，同时要避开进水口，以防被冲散，透光性差，也不利于微生物生长。如果是小规模养殖池或集约化养殖，应准备一定量的田螺、蚯蚓。

（3）控制水质 为了给水蛭提供一个良好的生态环

境，养殖池内应放养一些富有植物，如水葫芦、浮萍等，占水池面积 1/6～1/5 左右。另外，在放养水蛭之前还要对水的酸碱度进行检测，水和土壤的 pH 值不能大于 8，否则就要排出池内水，加入新水。

83. 水蛭引种过程中应注意哪些问题？

（1）要掌握好引种时间 水蛭在春、夏、秋季节都可以放养。夏季高温不利于运输，因此，在夏季引种时要做好降温处理。

（2）做好采集和引种记录 野外采集水蛭时，要随身携带记录本，详细记下水蛭采集的时间、地点、水域、环境等。采回的水蛭经过选优去杂后才投放，如果作为种蛭饲养，便可参照记录为水蛭创造一个适宜的生活环境。通过记录还可以掌握水蛭的生活规律，以便总结经验。

（3）做好水蛭运输 水蛭运输的好坏对水蛭成活率影响很大，目前运输的方法有干运法和水运法。干运法是将水蛭装入 30 厘米×40 厘米、80 目的尼龙网袋中，高温季节每袋 3 千克，春秋季节每袋 5 千克，然后装入相应规模的塑料箱或纸箱中，箱两端应有通气孔。底部盖上塑料薄膜，在放袋前后应放少量水草，保持湿润。一般干运输最好在 24 小时内能到达，如果超过 24 小时，则应每袋少装一些。在夏季，有条件的最好用空调车或冷藏车来运输，没有条件的可以放置冰块。水运法则是将水蛭直接装入装水的塑料桶内，这种方法在短距离、引种量少的情况可以用。桶装水深 10 厘米左右，一般 30 厘米直径的桶可装

5～6千克，具体根据实际情况而定，加盖扎实，盖上要钻有多个透气孔。

第二节　水蛭的繁殖

84. 水蛭发情时的表现是怎样的？

水蛭为雌雄同体，异体受精动物。一般雄性生殖腺先成熟，雌性生殖腺后成熟，由于水蛭是异体交配受精，因此，在性成熟后交配之前，水蛭的活动十分频繁，有发情求偶的现象。发情求偶的表现为雄性生殖器有突物在伸缩活动，周围有黏液湿润。

85. 水蛭在什么时候开始交配？

在自然界中，水蛭的交配时间随温度的变化而变化。一般情况下，3～4月份地下温度稳定在14℃以后，水蛭开始正式交配。在长江流域水蛭交配时间开始于4月下旬，华北地区在4月底和5月初。

86. 水蛭如何完成交配？

水蛭交配的时间大多数在清晨，喜欢躲在水边石块或杂物下面进行。交配时头端相反，腹面紧贴在一起，使各自的雄性器官正好对着对方的雌性生殖孔，然后雄性生殖孔伸出细丝状的阴茎插入对方的雌性生殖孔内，并输出精子进入受精囊。水蛭交配时间一般持续1～2小时。当然，水蛭的品种不同，其受精方式也有差异。有的无阴茎，如舌蛭科、鱼蛭科和石蛭科等，它们交配时是把由精管膨腔分泌的包着精子的精荚埋到对方皮下，传送精子给对方。水蛭在交配时，极易受惊扰，稍有动静，两只正在交配的水蛭就可能迅速分开，造成交配失败或交配不充分。因此，在水蛭交配的季节，尤其在清晨，要保持安静，特别是对养殖池水面不要有太大的动作，以防正在交配的水蛭受到惊吓。

87. 水蛭的孕期是多久？

从交配、受精到受精卵的形成，排出体外，形成卵茧，这一过程一般需要 1 个月的时间，这段时间就是水蛭的孕期。

88. 水蛭是什么时候产卵？

自然界中，水蛭产卵茧的时间一般在平均温度为 20℃，4 月下旬至 5 月下旬。

89. 水蛭是如何产卵的？

水蛭在产卵前，先从水里钻入岸边的泥土、田埂边或水塘边，选择的产卵茧床大多数是比较松软的土壤，土壤中水分含量在 30%～40%（用手一捏可成块，轻轻晃动即可散开）。接着水蛭向上方钻成一个斜行或垂直的穴道，穴道宽约 1 厘米，深 5～6 厘米，并有 2～4 个分叉道。水蛭的前端朝上停息在穴道中，开始环节部分分泌一种薄薄的黏液，夹杂空气而成为肥皂泡沫状，接着再分泌另一种黏液，成为卵茧壁，包于环带的周围。卵从雌性生殖孔排出，落在茧壁和身体之间的空腔内，同时分泌一种蛋白液于茧内。此后，亲体慢慢向后方蠕动退出，在退出的同时，由前吸盘腺体分泌形成的栓，塞住茧前后两段的开孔。水蛭从产卵茧到退出，大约需要30分钟（图6-1）。

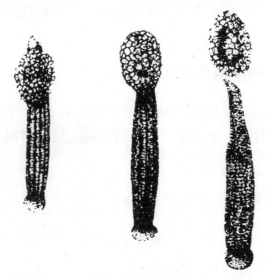

图 6-1　水蛭产卵过程

第三节　水蛭卵茧的孵化

90. 水蛭卵茧的自然孵化是怎样的？

水蛭产出的卵茧在泥土中数小时后，茧壁逐渐硬化，壁外的许多泡沫逐渐遇风而干燥，泡沫之间原先的壁破裂，只剩下一些连接成五角或六角的短柱所组成的蜂窝状或海绵状保护层。水蛭的卵茧在自然条件下孵化需要在20℃左右，温度低则孵化时间长，如果长时间出现10℃以下的低温，则不能孵化出幼蛭来。孵化湿度（指卵茧四周土壤中的含水量）一般在30％～40％之间。土壤过湿，易板结，不利于透气；土壤过干，易使卵茧失去水分过多，不利于卵的孵化。

一般在5月底至6月为孵化阶段，6月中旬为孵化盛期阶段，孵化的时间一般需30天。通常卵茧越大，孵化的时间越长，当然，一般5月中旬至五月底产的卵孵化时间相对较短，这与温度的相对稳定有关（表6-1）。

表6-1　卵茧的大小和孵化情况

产出卵茧日期	卵茧大小		幼蛭孵出日期	孵化天数/天	幼蛭条数/条
	长/毫米	宽/毫米			
5月15日	13	9	6月17日	33	8
5月25日	12	8	6月19日	25	12
6月5日	9	8	7月6日	31	10

91. 怎样进行人工孵化水蛭卵茧？

通过人工控制温度和湿度，人为地创造适合孵化的环境，不但可以提高孵化率，还可减少天敌的危害。

对于产卵量少或刚开始养殖水蛭的养殖户来说，一般选用塑料、木制、搪瓷等盆、盒用具，底部放一层1～2厘米厚的孵化土（可将松散的沙土和松壤土混合在一起），然后将卵茧放入盆、盒内，上面再盖一层棉布等物，以保持一定的湿度。孵化时的温度应控制在 20～28℃之间（25℃最好），过高或过低都不利于卵茧的孵化。孵化土的湿度在 30%～40%之间，空气中的相对湿度应保持在 70%～80%之间。当湿度不足时，可直接向棉布上喷雾状的水，但要防止过湿。在温度、湿度适宜的情况下，一般经过 25 天左右即可孵化出幼蛭来。为了防止孵化出来的幼蛭乱爬、逃跑，可在孵化器下设一个较大的水缸或其他盛水的容器，倒入适量的水。根据水蛭的趋水性，使孵化出来的幼蛭，自然掉入水内。然后在水中放一些木棒或竹片等，供幼蛭爬到上面栖息。待卵茧全部孵出后，可整体转入饲养场地，进行野外饲养。

第七章 水蛭的饲养管理

第一节 水蛭池的消毒

92. 为什么要对水蛭池消毒？

为了减少病原体，降低水蛭发病率，保证水蛭能健康成长，因此，水蛭在放入养殖池之前，要对蛭池进行消毒处理，不可未经消毒而直接投入水蛭。

93. 常用的消毒药物有哪些？

臭药水、生石灰、来苏尔、新洁尔灭、福尔马林、漂白粉、复合碘、消毒威、高锰酸钾等。

94. 怎样对水蛭池进行消毒？

养殖水蛭的池子无论是旧泥池塘、水泥池子还是新池塘、池子，都要用生石灰或漂白粉进行全塘、全池消毒。

（1）生石灰消毒法 在放养之前，水泥池需要清除池内的杂草、垃圾、石块、池周围的附生物等，用生石灰带水清池消毒，药量为 10% 的生石灰全池泼洒，杀死池中的水生植物及鱼类、水蛇等。泥土池则要进行清洁整理，干池要挖出多余的污泥，修整池埂，铲除杂草与杂物，然后用药物消毒，杀死池中的野杂鱼类和消灭病原生物等，在水深 5～10 厘米的池中，每亩用 3～5 千克的漂白粉溶于水后全池均匀泼洒，或生石灰干池消毒，每亩用 50～70 千克生石灰，兑水溶解全池均匀泼洒，若池水深 0.5 米，则每亩用 50～100 千克生石灰，兑水溶解全池均匀泼洒。一般 10 天后其药性消失，用清水冲洗一遍即可放水蛭入池。

（2）漂白粉消毒法　漂白粉消毒法就是选用漂白粉清池消毒，每亩用 8～10 千克；如果是连带池水一起消毒的话，则漂白粉的用量要加倍，采用全塘泼洒方式。漂白粉消毒的机理是遇水后会释放出次氯酸，次氯酸放出的新生态氧可以杀菌，其效果与生石灰差不多，但药性消失得比生石灰的快。一般用漂白粉清池后 3～5 天，即可投放水蛭。

95. 如何对新池子脱碱？

水泥的主要成分是硅酸盐，水化后会呈碱性，因此，新建好的水泥池碱性较大，在放养水蛭之前要对池子进行脱碱处理。脱碱的常用方法一般有以下几种。

（1）过磷酸钙法　新建的池子蓄满水后，按 1 千克/米^3 水的比例加入过磷酸钙，浸泡一星期后排水，再放入新水后即可放入蛭苗。

（2）冰醋酸法　可以用 10% 的冰醋酸洗刷水池表面，然后蓄水泡一周左右，更换新水即可投放蛭苗。

（3）酸性磷酸钙法　蓄满水后按 20 克/米^3 水酸性磷

酸钙，浸泡 3 天，更换新水后即可放入蛭苗。

（4）薯类脱碱法　若是小面积的水泥池，急需处理而又没有上述药品时，则可以用含淀粉量多的番薯、土豆等薯类擦抹池壁，使淀粉涂抹在池壁上，然后注满水浸泡 1 天即可脱碱。

经过以上方法脱碱处理后，还可以用 pH 试纸来检测 pH 值，然后将蛭池洗干净灌水后先放几条水蛭试养一天，确定无不良情况，再投放种苗。

第二节　水蛭的投放

96. 怎样对蛭体消毒？

水蛭在投入池前必须进行蛭体消毒，即将水蛭放入消毒药液中短时间的浸泡，目的是杀死蛭体表面病原体，防止疾病传染和发生，减少水蛭的发病率，提高成活率。具体做法是一次投放所需要的药物量，待药充分溶解后搅拌均匀，然后将水蛭放入药液中，按一定时间浸洗后移入养殖池，需要注意的是在不同水温浸泡的时间不尽相同，浸洗的地点最好在池边，或离池边不远的地方，这样方便转移（表 7-1）。

表 7-1　蛭体浸洗消毒参考表

药物名称	配制浓度	使用方法	水温/℃	浸洗时间/分钟
食盐	1%～5%	浸洗	15～25	3～5
漂白粉	10 毫克/千克	浸洗	15～25	5～10

药物名称	配制浓度	使用方法	水温/℃	浸洗时间/分钟
高锰酸钾	0.1%	浸洗	15~25	10~15
强氯精	2~3毫克/千克	浸洗	15~25	5~10
新洁尔	3~4毫克/千克	浸洗	15~25	5~10
复合碘	2~3毫克/千克	浸洗	15~25	5~10

97. 新引入或捕回的水蛭需要隔离试养吗?

新引进或野外采集的水蛭消毒后应隔离饲养,待观察几天后,无死亡、厌食、精神不振、体态暗沉、失去光泽和弹性的现象时,便可以放入正常饲养池中与其他水蛭一起混养,隔离饲养目的是防止疾病的传染及扩散。

98. 水蛭放入池中时应注意哪些事项?

购入的水蛭一般在早晨或者傍晚气温较低时放养,需要注意的是提供种源地和放养地池水水温的温差不能大于5℃,温差若大于5℃则应先调节温差后再放养,否则会使水蛭产生应激。

采用干运法运输回来的水蛭,不能直接倒入养殖池中,而是先放到阴凉处,消毒后,再把水蛭用干净的水冲洗,倒在产卵台上,用一层湿土覆盖,让水蛭自行爬到水中,或钻入泥中。采用湿运法运回来的水蛭放养时,消毒冲洗后,用温度计测水温,在池中水温与装水蛭容器水温相差不大时,可以将容器直接放入水中,让其自由分散,对个别吸在容器壁上的水蛭,不要生拉硬拽,这样容易拉

水蛭高效养殖技术有问必答

伤吸盘，应让其自由地爬入水中。当看到有水蛭死亡的现象时，不必惊慌，一般放养的第一周，水蛭死亡率在2%～3%，主要原因是在运输过程中压伤或吸盘拉伤，表现为体内肿块、淤血、吸盘开裂、红肿等。

99. 水蛭的养殖密度多少合适？

这里所说的养殖密度是指单位体积中水蛭的数量，密度的大小往往会影响整体水蛭的产量及成本。密度过小，虽然个体自存竞争不激烈，每条水蛭的增殖倍数比较大，但是整体水蛭的增殖倍数较小，不能有效地利用场地和人工，产量较低，成本较高。密度过大，则会引起食物、氧气不足，个体小的水蛭往往吃不饱或吃不到，甚至会引起水蛭互相残杀，同时代谢产物积累过多，会造成水质污染、病菌滋生和蔓延，容易引起水蛭发病和死亡。

水蛭适宜的养殖密度为：医蛭，2月龄以下，每立方米水体可放养1500条，2～4月龄，每立方米水体可放养1000条；4月龄以上，每立方米水体可放养500条；成、幼水蛭混养时，每立方米水体放养800条较适宜，宽体金线蛭的养殖密度减半。

水蛭养殖密度还与具体养殖环境、设施、饵料等条件有密切联系，养殖者应在实践中逐渐掌握放养密度。

100. 需要将水蛭进行大小分级饲养吗？

在养殖过程中应将水蛭进行大小分开饲养。若将水蛭大小混养，常因养殖密度过大，投喂的食物量不够、氧气不足时，则个体会竞争，个体小的水蛭往往会争夺不到食物而瘦弱，甚至会因为食物的争夺而导致水蛭间相互残杀。因此，在养殖过程中应定期对大小水蛭进行分拣并分开饲养。

第三节　水蛭的日常管理

101. 饵料可以直接投到水里喂水蛭吗？

除了活体的动物类饵料可以直接投到水里外，其他类的饵料不可直接投到水里，如血块、动植物蛋白粉等。应用薄木板钉成长 80 厘米、宽 20 厘米的饵料台，或是钉成长 50 厘米、宽 20 厘米的饵料台，池的每个角落放一块，让木板浮在水面上，再用纱网将饵料台固定，使其不易移走。放饵料时要轻放，干粉类的饵料应用水和开后再放到饵料台上。

102. 水蛭饵料投喂新鲜的还是变质的？

投喂的饵料不管是动物类还是人工饵料，均要保证新鲜、干净卫生，千万不可投喂霉变的饵料，包括死的、腐烂的动物饵料，不可长久投喂一种饵料，投喂的饵料应多样化，以满足不同阶段水蛭对营养的需要。

103. 给水蛭投食的时间需要固定吗？

投喂饵料的时间应固定，使水蛭养成按时进食的习惯，以利于消化和生长。一般情况下以上午 9 点左右和下午 5 点左右较为合适。冬季在日光温室中饲养的，最好是在中午投喂。

104. 投喂的食物需要定量吗？

每天投喂的饲料数量要相对固定。日投喂量可掌握在水蛭实际存栏重量的 1%，根据水蛭采食情况与天气变化、水温、水质的情况，坚持定量投喂，适度掌握，如发现饲料有剩余，则应减少投喂量。水蛭日摄食量一般为其体重的 5% 左右，不可投喂过多，以免水蛭吃得过饱而死亡，可根据实际情况灵活掌握。

105. 投喂的食物需要固定在一个地方吗？

投放饲料的地点要固定，这样使水蛭养成定点取食的习惯。投喂点的数量，应根据养殖池的大小以及养殖密度来确定。饲料台最好设在池的中间或对角处，既利于水蛭的采食，又利于清理剩余饲料。

106. 每天需要巡池吗？

每天至少早晚各一次巡池，检查水蛭的活动、觅食、生长、繁殖等情况，看是否有疾病发生，防逃、防盗设施是否有损坏，一旦发现问题就要及时解决。

107. 养殖环境如何管理？

养殖环境的管理是为了给水蛭营造一个舒适安全的环

境。在水中种植一些植物，如水葫芦、水花生等，水底种植一些水草，可增加水中含氧量，同时还起到净化水质的作用。在池边周围可以种植一些树木或搭建遮阴棚，种植藤蔓植物，可以起到很好的降温避暑作用。

108. 水蛭池的水质需要调节吗？

水蛭对环境和水质要求不严，在污水中也能生长，但高密度养殖，水质要保持清洁，要有一定的溶氧量。池养、沟养、缸养由于水体较小，水质容易变坏，可每星期换一次水，每次换1/3，先将下面的脏物抽吸掉，然后加入等量的新水，或定期加入新水或用万分之一的漂白粉全池泼洒。用鱼塘养水蛭虽然水体较大，不容易腐败，但也要注意水质，以黄褐色、淡绿色的水较好，最好能保持微流水，隔一个月补充一次新水，使塘水保持30～50厘米的透明度。水蛭最易得细菌性传染病，可在高温季节定期用 0.3 克/米^3 的呋喃唑酮消毒，并保持 10 天不换水。

109. 水蛭池里的水位需要控制吗？

水位一定要恒定，不可忽高忽低。因为水位的高低对产卵台土层的湿度影响很大，过高，土壤的湿度过大，不利于卵茧的孵化，如果超过产卵台，水蛭产卵没有安定的环境；水位下降，产卵台上土壤湿度过低，会逐渐干燥变硬，不利于水蛭钻入栖息和产卵。产卵台是水蛭栖息和产卵的重要场所，因此，在日常管理中，要每天检查水位线的高低，及时控制好水位。尤其是多雨天气，要防止排水口的堵塞，造成水位过高；干旱少雨季节，池内水分蒸发会造成水位下降，此时，要及时补水，稳定水位。

110. 夏季如何调节好水温？

水蛭生长适宜的水温 15～30℃，水温在 28℃是水蛭摄食旺盛，生长最快最适合的温度，当水温超过 30℃时应及时加注新水降温。有条件的养殖户可以搭建大棚提高水温或覆盖遮阳网降低水温，防止春秋季早晚水温下降，防止夏季中午温度过高，尽量不使水位超过 30℃，为水蛭营造一个良好的水温环境。小面积的养殖池水位一般较低，因此，一定要注意夏季水温过高，导致水蛭中暑死亡。冬季要有越冬土层，水蛭即可自然越冬。

111. 如何防止水蛭外逃及敌害？

下雨时是水蛭最兴奋的时候，都想往外跑，采用池养的要在池的四周设一个反口，用 80 目网把上方口用反口的方向拉住。塘养式的在四周用 80 目网围住，网外再留一圈水沟即可。网一定要坚实，不易被老鼠等天敌咬破（图 7-1）。

另外水蜻蜓，即蜻蜓的幼虫，也是水蛭的一大天敌，一般很难防治它的生长。每年在特定的时间水蜻蜓会特别多，而且在养殖池里平时也很难发现它。但可以通过从水蛭防逃网上和水草上面查看到有水蜻蜓脱下的皮，若有脱的皮，说明养殖池有水蜻蜓。防治的方法就是用地笼捕捞，10 米以上的大型地笼。水蜻蜓喜欢吃死了的小鱼小

图 7-1　用塑料薄膜覆盖围墙以防水蛭逃逸

虾，在地笼里放点已死的小鱼等即可捕捉。

112. 水蛭繁殖期的日常管理要注意哪些方面？

（1）巡池时应尽量不要有大的响声，也不要去拨动水面，特别是在清晨　水蛭交配的时间大多数在清晨，一旦水蛭受到惊扰，正在交配的水蛭会迅速分开，导致不受精或受精不完全。在水蛭怀孕期间，禁止用器械搅动水蛭，否则容易造成孕蛭受伤，甚至死亡。水蛭产卵的季节也应尽量保持安静。特别需要注意的是要控制好水位。

（2）调节温度　繁殖期水温最好控制在 25℃左右，温度高（超过 30℃）时，应采取遮阴降温措施；温度低（如低于 15℃）时，应用塑料薄膜覆盖，尤其在晚上。

（3）调节湿度　产卵、孵化场的相对湿度保持在70%左右。

（4）换水　应勤换水或保持微流水，保持水质清新，透明度以能见到水下 30～50 厘米为宜。

（5）投料　繁殖期间水蛭需消耗大量能量，因而饵料要精良，以蚯蚓、螺类、动物血块为主。

（6）防病　定期（7～10 天）用食盐 2‰、漂白粉消毒，发现有生病的水蛭立即隔离治疗，以免传染。

（7）做好记录　将繁殖期间的温度、湿度、水质情况、繁殖情况，详细记录下来，以便总结经验。提高饲养繁殖水平。

第四节　水蛭不同龄期的管理

113. 产茧蛭与孵化期应注意哪些事项？

水蛭产卵茧期，应尽量保持安静，不惊动正在产卵的成蛭，以免出现空茧。孵化期间，应避免在平台上走动，以免踩破卵茧。平台面要保持湿润，若碰到下雨天气要疏通溢水口，水面不能没过平台，保持 3 厘米的差距为宜。若是下暴雨淹过平台，应于 3 天内复位，否则将会造成卵茧内的幼蛭窒息死亡。受精蛭产 2～4 个卵茧，呈椭圆形，大小约为 28 毫米×20 毫米，茧重约 1.5 克，茧内幼蛭 20～30 条左右，约经 20 天左右即孵出幼蛭。

114. 幼蛭如何管理？

刚从卵茧中孵化出来的幼蛭，身体发育不完全，对环境的适应能力差，对病害的抵抗能力较弱，因此，水温应保持在 20～30℃，过高或过低都会对幼蛭生长不利。幼蛭孵出后 2～3 天内主要靠卵黄维持生活，3 天后即可采食。幼水蛭的消化器官性能较差，应注意投料的营养性和适口性，饲喂水蚤、小血块、切碎的蚯蚓、煮熟的鸡蛋黄等，效果较好，而且应少食多餐。幼蛭喜欢清新的水，应勤换水。初孵出的幼蛭主要吸食河蚬、螺蛳的体液，在一个河蚬的体内，会钻入 10～100 条幼蛭。幼蛭生长迅速，半个月后，平均增长到 15 毫米以上。

115. 幼蛭什么时候分群饲养？

当幼蛭长到一定大小时，应及时分池，分级饲养。一是便于有针对性地投食，大水蛭池投大田螺，小水蛭池投小田螺等食物；二是可以根据不同阶段水蛭的进食量投食，避免投食不均，以提高饲料的利用率。一般可考虑在 7 月上旬分池，即将已繁殖的种蛭移到种蛭池中，便于分档管理。饲养过程中，应把大、中、小水蛭及时分离，可设小水蛭池、中水蛭池、种蛭池。种蛭池设置在中、小水蛭池中间，池壁安装过滤网，让其自行过滤分离。

116. 青年水蛭如何管理？

青年水蛭一般是指 3～8 月龄大小的水蛭，这个阶段的水蛭生长发育较快，身长和体重变化明显，而且逐渐进入生殖器官发育阶段。而对于商品水蛭来说，这是个极好育肥的阶段，因此，抓好这个阶段的养殖管理工作是非常重要的。

（1）加强营养　此阶段应供应充足、多样的饲料，注意饲料的新鲜、干净，并且要认真检查水蛭的采食情况，发现食物不足时，应及时补充，防止水蛭因采食不够，发生争执。

（2）控制好水蛭的生活环境　给青年水蛭营造一个良好的生活环境非常重要，特别是对水质的调控，要及时清理剩余的变质饲料，及时换水。

（3）及时分群和选择种蛭　随着水蛭不断生长，原来池中的密度会显得过大，空间变小，此时应及时地捕移分群，进行种蛭选择，需留种的要专池饲养，不留种的要及时调整饲养密度。

第五节　不同种类水蛭的管理

117. 宽体金线蛭如何日常管理？

（1）饲料要求　宽体金线蛭通常以吸食小动物的体液为生，也吸食水中浮游生物、软体动物和泥面腐殖质等。每年4月中旬到5月下旬，是幼蛭生长旺期，此时可以向池中泼洒猪、牛、羊等脊椎动物血液，供幼蛭吸食，动物血液的量具体要根据养殖密度来确定，要做到少量投，多次喂。5月下旬可向池中投入活的螺类、河蚬、蚯蚓等软体动物，投放量不宜过多，不足部分可以用人工饲料补充。要注意适当增加河蚌投喂量而控制血液投喂量。

（2）水质要求　水质要求肥、活、清，含氧量充足，如出现水质恶化时，要及时逐渐更换净水。水肥度不够时，可将少量的畜禽粪便经发酵后撒入池底，这样既可以保证水的肥度，又可以使池底保持松软。同时水又不能过肥，否则容易造成缺氧以及水质变坏。换水时，最好采用微流式，即一头注入新水，另一头排出旧水，这样对蛭体有利。宽体金线蛭比石蛭、医蛭耐药性差，微量的汞或硫酸铜即可杀死它，因此，养蛭池周围最好不要有农药及化肥出现，同时不要有生活污水或有机废水渗入或排入养殖池内。

（3）做好越冬工作　由于宽体金线蛭身体相对宽而扁平，挖掘能力比较差，导致越冬时的洞穴相对较浅，或者在枯草之下越冬，很易因寒冷而受冻死亡，这是造成越冬后金线蛭大量减少的主要原因之一。因此，在越冬过程中应加强保温措施，适量增加池水量，提高水位，在池边潮湿土壤带覆盖草苫或秸秆等。

118. 如何日常管理尖细金线蛭？

尖细金线蛭的日常管理与宽体金线蛭的日常管理相似，不同的是每隔1～2个月加喂一次不加盐的畜禽新鲜血液或血凝块，每次喂完要及时清理剩余的血块，换水。

119. 日本医蛭的日常管理是怎样的？

（1）饲料要求　医蛭的饲料以脊椎动物的新鲜血液或血凝块为主，蛙类、螺类、蚯蚓等动物为辅。一般每隔5～7天投喂一次血液或血凝块，最好在下午5～6点投喂。

饲料台要求一半在水中，一半在水面上，呈倾斜状，这样投放血块时既可以引诱医蛭来吸食，又可以防止水的污染。每次医蛭取食后剩余的血块要及时清理，防止水体变质。

（2）水质要求 池水要及时更换，一般 7～10 天更换一次，或者每次喂完鲜血后根据实际情况更换。换水时不要大部分或全部更换，每次最多可更换一半池水，防止因温差变化较大，而影响蛭体的消化能力或引发其他疾病。

120. 如何日常管理菲牛蛭？

（1）水温水质调节 菲牛蛭对环境和水质要求不严，在污水中也能生长，但高密度养殖，水质要保持清洁，要有一定的溶氧量。池养、沟养、缸养由于水体较小，水质容易变坏，可每星期换一次水，每次换 1/3，先将下面的脏物抽吸掉，然后加入等量的新水，用鱼塘养水蛭虽然水体较大，不容易腐败，但也要注意水质。以黄褐色、淡绿色的水较好，最好能保持微流水，隔一个月补充一次新水，使塘水保持 30～50 厘米的透明度。水蛭最易得细菌性传染病，可在高温季节定期用 0.3 克/米^3 的呋喃唑酮消毒，并保持 10 天不换水。

（2）防逃防害 下雨时是水蛭最兴奋的时候，都想往外跑，采用池养的要在池的四周设一个反口，用 80 目网把上方口用反口的方向拉住，然后用拿麻袋针缝住就可以防止水蛭逃跑了。塘养式的在四周用 80 目网围住，网外再留一圈水沟即可。

（3）越冬管理　入冬后水蛭停止摄食，钻入土中冬眠。水蛭在水温10℃以下即开始停食，5℃以下进入冬眠状态。越冬之前，多增加一些营养丰富的饵料，如新鲜猪血、蚯蚓、肝脏等，将池塘四周挖一些深1米的小洞，有条件的可搭盖塑料大棚保温，还可像养虾、养甲鱼一样用锅炉保温，这样水蛭在冬季还可继续生长，养殖周期可缩短。早春放养的水蛭一般都已长大，将水排干，用网捞出，选择个体大、生长健壮的留种（每亩留15千克），集中投入育种池内越冬。

第六节　水蛭的越冬管理

121. 水蛭的越冬方法有哪些？

　　水蛭是一种变温动物，当冬天来临，水蛭的活动逐渐减少；当水温低于10℃时，水蛭停止摄食，钻入水底或岸边的沙泥、土壤中休眠。人们一般采用水蛭自然越冬法和人工保温越冬法，让水蛭安全度过寒冷的冬天。

122. 怎样进行自然越冬？

　　水蛭耐寒力较强，一般不易被冻死，当气温低于10℃便钻入潮湿疏松的泥土中越冬，也有的在池底淤泥中越冬。一旦进入越冬状态，应禁止进入越冬区域搅动，防止破坏水蛭越冬环境。为防止温度偏低，冰冻达越冬层，可在平台上覆盖厚约5厘米的水生植物或碾碎的麦秆保暖。水面结冰，应经常破冰，以保持水中有足够的溶解氧。这里值得提醒的是水蛭必须经过 1～3 个月的冬眠才能产卵。

123. 怎样进行人工保温越冬？

人工保温越冬是利用日光温室打破水蛭越冬的习性，提高年生产量。可以利用大棚、地热水、太阳能热水器保温、增温。进入 10 月份以后，气温降至 20℃ 以下时，即可移入塑料大棚内越冬。水蛭在棚内到 12 月份才停止生长，早春 3 月份即正常生长，有利于促进水蛭早繁育、多产卵。一般每平方米可放养宽体金线蛭种蛭 50～100 条，幼蛭 300～500 条；尖细金线蛭种蛭 70～120 条，幼蛭400～600 条；日本医蛭种蛭 300～500 条，幼蛭 500～800条。在适温阶段投喂足量饲料，及时加注新水改善水质。温度超过 32℃ 时，开启大棚换气，调节温度。在有地热水的地方开热水井，用保温管道将热水引入水蛭越冬池。越冬池面积通常在 3 亩以上，水深保持 1 米左右。有条件的可以采用大容量太阳能热水器供热水，用塑料大棚保温。

第八章 水蛭的疾病防治

■ 第一节 水蛭疾病发生的原因及预防 ■

124. 温度不稳定会引发水蛭生病吗？

如果昼夜温度相差过大、忽冷忽热，水蛭就会不适应而患病；寒冷时不采取措施，水蛭就会受冻害引起疾病甚至死亡；炎热的夏季，如不采取搭遮阳棚、多放水葫芦等措施，温度太高，水蛭的食欲减退，抵抗能力下降，甚至直接被晒死。

125. 密度过大会致水蛭发病吗？

如果放养密度高于正常密度的 3 倍以上时，就会造成水蛭活动范围太小，饵料不足或分配不均，排泄物过多，互相残杀，容易引起疾病滋生和蔓延。

126. 水质的好坏会使水蛭发病吗？

久不换水，使得池中排泄物、残饵大量存积，池水严重腐败，发黑发臭，有害病菌大量繁殖，引起各种传染性疾病；有时在换水时，注入被农药、工业废水污染过的水，会引起水蛭中毒、死亡。

127. 营养不良水蛭会生病吗?

饵料投喂量不足，养殖密度过大，大小混养，使得一些小或弱的水蛭抢不到食物吃，致使体质下降，逐渐消瘦，抗病力差，易感染疾病或死亡；另外饵料营养配比不合理，长期饲喂单一饵料，造成营养不良，也会使其抵抗力下降；其次是投饵不遵循"四定"的原则，水蛭时饥时饱，有时吃了腐败变质的食物，均会造成水蛭发病或死亡。

128. 如何预防水蛭生病?

挑选抗病力强的作为优良品种；投喂清洁卫生，营养全面的食物，不用带有病原物或情况不明的食物作饵料，防止传播疾病；每天做好场地和用具的清洁卫生；进入场地要进行全面消毒等；常观察水蛭的健康状况，发现个别水蛭有可疑情况时要及时隔离观察，查明病因，及时治疗；定期进行常规消毒，疾病发生时要对全场进行彻底地消毒，防止疾病的传播。

第二节 水蛭的几种常见疾病及防治

129. 水蛭的干枯病如何防治?

(1) 发病原因 由于池塘周围环境湿度过低，或温度过高导致水蛭脱水。在池塘周围产卵台上的水蛭，如果没有搭遮阴棚，常常就会因温度过高而导致脱水。

（2）症状　水蛭食欲不振，不活动或少活动，消瘦无力，身体干瘪，失水萎缩，全身发黑。

（3）防治方法

① 在池塘周围搭遮阴棚，多放些木块瓦片，经常洒水，降温增湿。

② 将水蛭放入 1% 食盐水中清洗，每次 10 分钟，每日 2 次。

③ 用酵母片或土霉素拌饲料投喂，同时增加含钙物质，提高抗病能力。

130. 水蛭的白点病如何防治？

（1）发病原因　白点病也叫溃疡病、霉病。由病原生物多子小瓜虫引起或由被水生昆虫咬伤感染所致。

（2）症状　患病体有白点或白斑块。游动不灵活，身体不平衡，厌食，消瘦。

（3）防治方法

① 提高水温至 28℃ 以上，并用 0.2% 食盐水清洗水蛭，每次 30 分钟，每日 2 次。

② 用 2 微克 / 千克硝酸汞浸洗患病水蛭。每次 30 分钟。每日 2 次。

③ 定期用漂白粉消毒池水。

131. 水蛭的肠胃炎如何防治？

（1）发病原因　由于吃了变质或难消化的食物易引起

该病的发生。

（2）症状　患病水蛭食欲不振，懒于活动，肛门红肿。

（3）防治方法

① 用0.2%土霉素或0.4%金霉素加入饲料中投喂。

② 用0.4%抗生素（如丁胺卡那霉素、磺胺咪唑、链霉素等）加入到饲料中混匀，投喂后可收到较好的效果。

③ 多喂新鲜饵料，严禁投喂变质饵料，遵循喂养"四定"（定时、定点、定质、定量）的原则。

132. 水蛭吸盘出血如何防治？

（1）发病原因　吸盘是水蛭的主要运动器官，前吸盘内还有口，发生吸盘出血的主要原因是拉伤，一是捕捉时，人为拉伤；二是养殖池内没有合适的隐蔽固定场所，如茂密的水生杂草或者可以缠绕的树枝、木条等，水蛭长时间吸附在池壁上而造成的慢性拉伤。该病多发生在新建蛭池和没有经验的初次养殖户上。

（2）症状　患病水蛭前后吸盘或单个吸盘出血红肿，口腔发炎，吸食困难，导致饥饿，运动困难，甚至有时会窒息而死。很少能够治好和自行康复。

（3）防治方法　捕捉时，不要生拉硬拽，在投放蛭种前用0.1%高锰酸钾溶液浸泡10～15分钟，再投入池中，同时在水蛭池种植水生杂草或设置隐蔽固定物，供水蛭栖息。

133. 水蛭虚脱症如何防治？

（1）发病原因　主要原因是水中长时间缺氧，食物长时间供应不足，养殖密度过高，池子过小，水质调节管理不善等，均可引发此病。

（2）症状　该病发生过程症状不明显，很难察觉到，到后期时，水蛭往往表现出在水中运动困难，长时间浸泡在池底，长时间不捕食。一旦发生此病，可能会出现大批量死亡，即使紧急改良水质也不易救活。

（3）防治方法　首先，所建的蛭池不能太小，建造尽可能合理；其次，为水蛭营造一个适宜的生活环境，在池底或周围种植水草，保证氧的供应，注意防范夏季高温出现缺氧的情况；最后，注意调节水质，食物要新鲜充足。

134. 如何防治水蛭腹部结块？

（1）发病原因　一是在运输过程中压伤造成，特别是雄性生殖器容易压伤；二是吸食不易消化的食物造成；三是可能水蛭在吸食螺类腔液过程中，将寄生虫吸入体内造成，关于这一点还没有定论。

（2）症状　患病后的水蛭进食难，随着肿块的蔓延，身体运动逐渐失调，最后慢慢死去。

（3）防治方法　在运输过程中尽量避免挤压。

135. 如何防治水蛭寄生虫病？

（1）发病原因　是由于有一种原生动物单房簇虫的寄

生而引起的。

（2）症状　患病的水蛭个体在身体腹部出现硬性肿块，硬性肿块有时呈对称性排列。经解剖确定为贮精囊或精巢肿大。

（3）防治方法　据报道，蚯蚓的雄性生殖腺内常有大量的单房簇虫寄生，一旦发现后要注意消灭病原，以防传染。因此，发现水蛭感染此病时，就要迅速隔离病蛭。

136. 水蛭的天敌有哪些?

由于水蛭在水中、岸边都有活动，加上视觉不发达，容易暴露在危险中，因此，敌害很多，尤其是幼蛭最容易受害。由于刚出生的幼蛭全身透明、鲜嫩，几乎没有御敌能力，是各种鱼类幼苗、蝌蚪、水鸟、鸭、蛇类等喜欢的食物。除此之外，蜻蜓的幼虫、蚂蚁、水蜈蚣、老鼠等及一些人为的因素也能影响水蛭的成活。

137. 水蛭的天敌防治方法有哪些?

① 养殖池周围加设防护网，防止水蛭的敌害动物进入。

② 禁止放养食肉性鱼类，老鱼塘要清塘，杀灭野生杂鱼。

③ 蜻蜓幼虫、蛙类是水蛭敌害防治的主要对象，因为它们对刚孵化出来的幼蛭威胁很大，因此，在幼蛭大量孵出的季节，一旦在池中发现这些敌害，要立即捕杀。可用夜间灯光诱捕，待水生昆虫大量密集时用密网捕捞，一

般不用药物，以免毒害水蛭。

④ 尽量使用干净水来养殖水蛭，从外面引用的水一般要经过过滤后使用，防止鱼类、水生昆虫侵入。

⑤ 有条件的可以采用微电网预防入侵的水鸟、鸭子、蛇、老鼠等，或者采用全密闭自动化养殖设施防止天敌入侵。

⑥ 预防蚂蚁的侵入，蚂蚁主要危害正在产卵的水蛭和卵茧，因此，对养殖场来说，蚂蚁的防治相当重要。蚂蚁通常是由饵料的气味引入，或从土壤带入。防治的办法：一是土壤消毒，可以使用高温或太阳暴晒，或者用百毒杀消灭蚂蚁卵；二是在防逃网外周围撒上灭虫蚁的药，如三氯杀虫酯等，或者用氯丹粉与防逃网外的黏土混合均匀，防止蚂蚁入内。

第九章 水蛭的采收与加工

▰ 第一节　水蛭的采收与防叮咬处理 ▰

138. 水蛭什么时候采收合适？

水蛭一年可采收 2 次，第 1 次在 6 月中、下旬，将已繁殖两季的种蛭捞出加工出售；第 2 次在 9 月底或 10 月初越冬之前。早春放养或繁殖的水蛭，入冬一般已长到 6～8 克的成体规格，可捕捞出售。6 月份放养的水蛭（平均体重 5 克以下），当年 90％以上可以长成成体规格。7 月份以后繁殖的水蛭要到次年才能长成。经过两年生长的水蛭可长至 20 克以上，这时的干品率最好。养殖者可以根据水蛭的生长速度和生活习性，从提高养殖效率和经济效益出发来决定采收时间。

139. 采收水蛭的方法有几种？

水蛭的捕捞有多种方法，除用网捕外，还可采用以下四种方法。

（1）竹筛收集法　用竹筛裹着纱布、塑料网袋，中间放置动物血或动物内脏，然后用竹竿捆穿、扎好后，放入池塘、湖泊、水库、稻田中，第 2 天收起竹筛，可捕到水蛭。

（2）竹筒收集法　把竹筒劈成两半，将中间涂上动物血，然后将竹筒复原并捆好，放入水田、池塘、湖泊等处，第2天就可收集到水蛭。

（3）丝瓜络捕捉法　将干丝瓜络浸入动物血中吸透，然后晒干或者烘干，用竹竿扎牢，放入水田、池塘、湖泊，第2天收起丝瓜络，就可抖出许多水蛭。

（4）草把捕捉法　先将干稻草扎成两头紧、中间松的草把，将动物血注入草把内，横放在水塘进水口处，让水慢慢流入水塘，4～5小时后即可取出草把，收集水蛭。

140. 被水蛭叮咬该如何处理？

水蛭致伤是以吸盘吸附于暴露在外的人体皮肤上，并逐渐深入皮肤内吸血。被咬部位常发生水肿性丘疹，不痛。因水蛭咽部分泌液有抗凝血作用，被咬后伤口流血较多。如果发现水蛭已吸附在皮肤上，可用手轻拍，使其脱离皮肤；也可用食醋、酒、盐水、油烟水或清凉油涂抹在水蛭身上和吸附处，使其自然脱出。不要强行拉扯，否则水蛭吸盘将断入皮内引起感染。水蛭脱落后，伤口局部的流血与丘疹可自行消失，一般不会引起特殊的不良后果。只需在伤口涂抹碘酒预防感染即可。另外，一旦被水蛭叮咬，在之后的处理中千万不要用创可贴，那样很容易破坏伤口。

141. 如何预防水蛭叮咬？

采收捕捞时，可能会遭到水蛭的叮咬，因此，可以戴上手套穿上长筒水鞋，避免水蛭的叮咬，也可以在手上、脚上涂抹菜籽油防止水蛭爬上来。

从事水田作业时，可穿长筒靴避免浅水中水蛭的叮咬；在亚热带丛林中工作或旅游时，穿长衣长裤并扎紧领口、袖口和裤脚，以防旱蚂蟥爬入叮咬。户外活动的时候经常会碰到水蛭。如果有准备尚好，没有准备也要临时想办法处理好，最基本的先要扎好裤脚口，也可以喷洒风油精、防蚊剂。

第二节　水蛭的加工、贮藏和真伪鉴别

142. 如何加工水蛭？

水蛭的药用价值很高，水蛭加工质量的好坏是售价高低的关键，因此，加工时要采用正确的方法，才能提高其药效，否则会降低药效，售价也不高。加工后的商品水蛭应是扁平的纺锤形，背部稍隆起，腹面平坦，质脆易断，断面有胶质似的光泽，黑褐色。下面介绍几种传统的加工方法。

（1）生晒法　将水蛭用线绳或铁丝穿起，悬挂在阳光下暴晒，晒干即可。该方法对水蛭的成分没有破坏，但需要的时间较长。

（2）水烫法　水烫法是民间常用的方法，但对药效有一定影响。具体方法是：将水蛭洗净，放入盆内，倒入

50℃左右的热水，以热水浸没水蛭 3 厘米为宜，20 分钟后将烫死的水蛭捞出晒干。如果第 1 次没烫死，可再烫 1 次。捞出的水蛭用铁丝串起来晒干，或者平铺晒干，平铺晒的水蛭容易起泡，可用铁丝或竹签扎泡放气。如果遇到阴天无法暴晒，容易腐臭变质，这时可以放在铁器上炕干，但不能炕糊、炕黄，干度以手折即断为好。

（3）碱烧法　将水蛭与食用碱的粉末同时放入器皿内，上下翻动水蛭，边翻边揉搓，待水蛭收缩变小后，再洗净晒干。

（4）灰埋法　将水蛭埋入石灰中 20 分钟，待水蛭死后，筛去石灰，用水冲洗，晒干或烘干，还可将水蛭埋入草木灰中 30 分钟，待水蛭死后，筛去草木灰，水洗后晾干。

（5）烟埋法　将水蛭埋入烟丝中约 30 分钟，待其死后再洗净晒干。

（6）盐制法　将水蛭放入器皿内，撒一层盐放一层水蛭，直到器皿装满为止。将盐渍死的水蛭晒干即可。

（7）摊晾法　在阴凉通风处，将处死的水蛭平摊在清洁的竹帘、草帘、水泥板、木板等处，晾干即可。

（8）烘干法　有条件者可将处死的水蛭洗净后，采用低温（70℃）烘干技术烘干。

（9）热炒法　将滑石粉放入锅内炒热，最后放水蛭，待炒到蛭体微微鼓起，取出筛去滑石粉，将水蛭放到干燥容器中保存即可。

143. 如何贮藏水蛭干品？

水蛭干品易吸湿、受潮，并易遭虫蛀，所以，晒干的水蛭应装入布袋，外套塑料袋密封，挂在干燥、通风处保存待售。也可以取干净的缸、瓮，底部放入干燥的生石灰，再隔一层透气的隔板或滤纸，将水蛭干品放入，加盖密封保存即可。

144. 怎样鉴别水蛭干品的真伪？

商品水蛭药材一般有3种，现将这几种水蛭干品的特征介绍如下，以辨真伪。

（1）日本医蛭　日本医蛭的干品比较小，也称为"小水蛭"，呈扁长圆柱形，体长2～5厘米，宽0.2～0.5厘米，体多弯曲扭转，全体呈黑棕色，由多数环节构成。

（2）尖细金线蛭　尖细金线蛭的干品比较细长，又称为"长条水蛭"，其外形狭长而扁（多数在加工时拉成线状），体长5～12厘米，宽0.1～0.5厘米。体的两端稍细，前吸盘不明显，后吸盘圆而大，但两端经过加工后穿有小孔，不易鉴别。体节不明显，体表凹凸不平，背腹两面均呈黑棕色，质脆，断面不平坦，有土腥气味。

（3）宽体金线蛭　宽体金线蛭的干品比较宽大，又称为"宽水蛭"，体呈平纺锤形，略曲折，长4～10厘米，最宽处1～2厘米，由多数环节组成。背部黑褐色或黑棕色，稍稍隆起，能看到有黑色斑点排成5条纵纹，入水清晰。前端略尖，后端钝圆，特别是后吸盘大而明显。质脆易断，气味腥，味咸。

145. 水蛭掺伪品手段有哪些？如何辨别？

正品水蛭又称"清水水蛭"。商品规格有小水蛭、宽水蛭、长条水蛭 3 种。其共同特征是外观背部有自然的黑色光泽，折断时有韧性感，断面有胶质样光泽，味淡而有鱼腥气，手摸肉质有弹性。近年来，水蛭资源逐渐减少，价格逐年攀升，有些不法商贩看好货源较为紧俏，便想方设法掺假，牟取暴利，现将一些识假知识介绍如下。

（1）挂胶　人为在水蛭表面涂抹一层黑色、胶质状物，使整个蛭体黝黑发亮，冒充清水水蛭，但仔细观察就会发现破绽，因正常水蛭表面乌黑但腹部呈黄色，经过人为挂胶之后，腹部略显黑色。

（2）肚内填充异物　水蛭体内填充物多是在水蛭鲜时充入体内的，该品掰开后可见体内灰白色粉末，用手托之有沉重感。

（3）加矾、盐　一般市场所销售的货源中都加盐、矾，加一定分量的盐或矾可以防腐，易放置。但不法商贩往往加大量盐、矾以增加重量。加盐的货一般量大时从外观上就可以看到一些细小盐粒，也可用舌舔一舔，咸味较浓。加矾的外观上布满绿白色粉末，舔其味涩咸。这类货分量略显重，购买时应注意鉴别。

（4）废水蛭　废水蛭即提取有效成分后的药渣。由于制药厂家多采用整体提炼水蛭的有效成分，因此水蛭药渣外形完整。部分不法之徒又把这种废水蛭拿到市场上出售，这种伪品外观失去水蛭的自然黑色光泽，断面参差不齐如糟糠，体质轻泡。

水蛭为贵重药材，在防病治病上常起到关键作用，一旦使用不正规水蛭，将对患者的治疗产生影响，故在鉴别时须注意鉴别这 4 种掺水蛭。

第三节　水蛭的药用

146. 水蛭的化学成分有什么？

水蛭的主要成分是蛋白质，水蛭干粉中氨基酸的含量高达 62％，是肌肉蛋白质含量的 2.7 倍；同时在这 17 种氨基酸中，以谷氨酸、天门冬氨酸、赖氨酸、亮氨酸的含量较高，它们在水蛭的保健中起着很重要的作用。在水蛭所含的 17 种氨基酸中，其中 7 种为人体必需氨基酸，占全部氨基酸总数量的 39％以上。此外，水蛭还含有肝素、抗凝血酶、多肽、微量元素和脂肪酸等。新鲜水蛭的唾液中含有一种抗凝血物质，名为水蛭素。

吸血水蛭中含有由多个氨基酸组成的低分子多肽，它是吸血水蛭发挥药效和保健功能的主要活性成分。水蛭中还含有人体必需的常量元素钠、钾、钙、镁等，而且含量比较高，除常量元素外，还含有铁、锰、锌、铝等 28 种微量元素。菲牛蛭体内含有 16 个脂肪酸的组分，其中饱和脂肪酸占 63.34％，不饱和脂肪酸占 34.05％。近年来，研究发现，单不饱和脂肪酸在降低总胆固醇有害胆固醇的同时，不会降低有益胆固醇。另外，单不饱和脂肪酸具有特殊的物理化学特征和生理功能，具有调节人体脂质代谢、治疗和预防心脑血管疾病等功效。

147. 水蛭素有怎样的特性？

水蛭素是一种由 65 个氨基酸的单链多肽构成，其相对分子质量为 7000 左右，其分子的 N 端有 3 对二硫键（Cys6-Cys14，Cys16-Cys28，Cys32-Cys39），使 N 末端肽链绕叠成密集的环肽结构，这对蛋白结构起稳定作用。其氨基末端含活性中心，能识别底物——凝血酶碱性氨基酸位点，并与之牢牢结合。C 末端富含酸性氨基酸残基，肽链中部还含有一个由 pro-Lys-pro 组成的特殊序列，不被一般的蛋白酶降解，从而维持水蛭素分子的稳定性。

水蛭素中含碳、氢、氮、硫，呈酸性反应，易溶于水、生理盐水及吡啶，不溶于醇、醚、丙酮及苯。水蛭素粗提物制备过程中（包括冷冻真空干燥处理）始终保持低温状态，所得水蛭素粗提物在干燥状态下很稳定。体外抗凝血试验亦表明，冰水状态下保存 3 天，其活性仅降低约 15%，室温下在水中可稳定存在 180 天，80℃ 以下加热 15 分钟不被破坏。胰蛋白酶钠、糜蛋白酶不破坏水蛭素活性。木瓜蛋白酶、胃蛋白酶和枯草杆菌蛋白酶 A 可使水蛭素失去部分活性，但在较高盐浓度环境条件下水蛭素活性影响度较小。由此可见，水蛭提取物中水蛭素的活性是可以保持相对稳定的。

148. 水蛭素的提取方法有哪些？

（1）传统方法 由于天然水蛭素存在于吸血水蛭唾液腺及其所分泌的唾液中，传统提取天然水蛭素的方法通常是采用日本医蛭头部或整体进行提取天然水蛭素。其常规提取方法是：以吸血水蛭的头部为原料，因为水蛭躯体中有较大量的结构与水蛭素类似，但无生物活性的"伪水蛭素"组分存在，它的存在将增加水蛭素分离的难度。利用水-丙酮混合剂萃取或经过乙醇分级沉淀，即得水蛭素粗制品溶液，然后采用层析法（如凝胶层析法、亲和层析法等）、等电聚焦等方法提取天然水蛭素。

（2）仿生诱导法 仿生诱导法即指用仿生诱导的方法对活体水蛭进行诱导，从而得到水蛭素的一种方法。它避免了传统方法对水蛭的一次性掠杀，既保护了水蛭的野生资源，又带动了水蛭养殖业的发展，为水蛭素的产业化提供了理论基础。具体方法是：将日本医蛭在充氧条件下饥饿一周，再利用猪血与螺类混合做成的诱导体系，在25℃，pH7.2的条件下对其进行诱导30分钟，使其分泌唾液（即天然水蛭素粗品，其杂质比常规方法提取的减少了90%，且不影响水蛭素的提取率），然后将唾液进一步分离纯化制得天然水蛭素。这是对天然水蛭素传统提取领域的一次革命，它既不杀死水蛭，又可反复利用，且在分离纯化过程中减少了水-丙酮的萃取或乙醇分级沉淀等工序，操作简便、方法独特，明显降低了生产成本，从而使天然水蛭素的规模化生产变为现实。

149. 水蛭素的药理作用是怎样的？

国内外相关研究证明，水蛭素是目前世界上最强的抗凝血酶特效抑制剂，具有显著的降血脂、调节血压、溶血栓以及抗氧化和清除自由基等作用。

（1）抗血凝作用　水蛭素有防止血液凝固、抗血栓形成的作用，它能迅速地与凝血酶结合，形成一种非共价复合物，这种复合物极其稳定，解离常数为 10～12 数量级。水蛭素与凝血酶的亲和力极强，在很低的浓度下就能中和凝血酶，试验证明 1 微克水蛭素可以中和 5 微克凝血酶，相当于摩尔比为 1∶1。水蛭素不仅能阻止纤维蛋白原凝固，也能阻止凝血酶催化的进一步血瘀反应，如凝血因子 V、Ⅶ、Ⅷ 的活化及凝血酶诱导的血小板反应等均能被水蛭素抑制，且随着水蛭素浓度的增加，血凝过程会被推迟或完全阻止。水蛭素对由凝血酶诱导的其他细胞的非凝血现象也有作用。近代研究表明，凝血酶是调节多种细胞功能的活化剂，比如对成纤维细胞、脾细胞和神经细胞的前列腺素合成，单核细胞的趋化性及平滑肌的收缩性等都有影响。当凝血酶与水蛭素结合后，则失去与这些细胞作用的能力。实践表明，水蛭素不仅能抑制动物的静脉血栓形成，对血管壁损伤引起的颈动脉血栓、冠动脉血栓及微血栓的疗效均佳。

（2）抗血栓作用　血管内血栓的形成，虽有多种原因，但最根本的还是凝血酶引起的凝血作用。20 世纪 80 年代后期，我国研究人员李凡等对水蛭素的溶栓作用进行了实验研究，结果表明水蛭素有抑制大鼠由 ADP 诱导的血小板凝集作用，其抑制率随药物浓度的增加而提高，同时对实验性血栓形成有明显的抑制作用，对溶解酶所致的实验性静脉血栓有溶栓作用。水蛭水煎浓缩提取物能明显降低全血比黏度和血浆比黏度，水蛭素有直接溶解血栓的作用，与植物性中药，如丹皮、赤勺等抗血栓形成的药理作用不同，其作用不是预防血栓的形成，而是直接溶栓。

（3）降血脂作用 对实验性高脂血症家兔每天灌服水蛭粉 1 克/只，能使其胆固醇、甘油三酯的含量降低，有明显降脂作用。水蛭对主动脉粥样硬化斑块有明显的消退作用，实验发现斑块内胶原纤维增生，胆固醇结晶减少，说明水蛭对防止动脉粥样硬化有潜在的应用价值。

（4）对血液流变学的影响 给动物灌服 0.45 克/千克，可使其血液黏度下降，红细胞电泳时间减短，给血液流变异的大鼠灌服水蛭煎剂，可使其全血比黏度、血浆比黏度、血细胞比容及纤维蛋白原含量降低，可见水蛭素对血液流变学有一定影响。

（5）对脑血肿，皮下血肿作用 国内研究人员尹宝光等运用人工造成家兔中脑部实质血肿和背部侧皮下血肿，治疗组每日耳静脉注入水蛭注射液 2 毫升/微克，对照组则注入生理盐水 1 毫升/微克，连续 7 天处死动物后，分别测定脑血肿，炎细胞浸润及脑组织变性坏死面积并进行统计学处理，结果证明，治疗组明显促进脑血肿吸收，减轻周围脑组织炎症反应及水肿，缓解颅内压增高，并改善出血水肿局部血液循环，保护脑组织免遭破坏，有利于神经作用恢复和皮下组织作用恢复等作用。两组差别有显著性意义（$p < 0.01$），水蛭有增加心肌营养性血流量作用，对组织缺血、缺氧有保护作用。水蛭素有对抗垂体后叶素引起的家兔冠状动脉痉挛及对心肌缺血有显著的保护作用，水蛭还有扩张毛细血管，改善微循环，增加肾脏血流量等药理特点。

（6）抗肿瘤作用　水蛭素对肿瘤细胞有抑制作用；对小鼠肝癌细胞生长有一定抑制作用，其药理机制为水蛭有抗高凝作用，有利于抗癌药理活性物质（如锰、镁、锌等元素）及免疫活性细胞侵入癌组织而杀伤癌细胞。

150. 水蛭的中成药配方有哪些？

（1）水蛭注射液（Ⅰ）　水蛭（炒炙）1000克，注射用水适量。取水蛭饮片按水提醇沉法，除尽乙醇之膏状物，加注射用水溶解成1∶1溶液，每1 000毫升，加1%活性炭，滤过除炭至澄明，装入500毫升盐水瓶中，高压灭菌，冷藏1周后精滤、分装、熔封。100℃ 30分钟灭菌。每支5毫升，1毫升相当于1克，为棕黄色澄明水溶液，pH值4.0～4.2，浓度为1∶160，家兔体内溶血试验为阴性。本药用于缺血性中风和急性心肌梗死。临床使用时，用等渗葡萄糖注射液稀释后静脉滴注，每次5毫升，每日1～2次或遵医嘱 [《中草药》1990；11（10）449]。

（2）水蛭注射液（Ⅱ）　材料主要为水蛭、生蜂蜜。取活水蛭，用清水洗净（使其体内污物排尽），再用蒸馏水洗2次，沥水，称重。取已称重的水蛭慢慢加入蜂蜜，静置 4～5 小时，用双层纱布过滤。将滤液密封后，置冰盐液中 2～3 小时，待绝大部分结冰后，取出倒置，使黄色黏稠液体自然流出，待剩余部分融化后，再次冰冻 2～3 次，当滴出液加茚三酮试液显蓝紫色时，收集备用。药液经半成品检验合格后，用塞氏滤器除去细菌，过滤，熔封即可。本品为活水蛭蜂蜜浸取的无菌溶液。每毫升相当于 8～10 克活水蛭。功能为活血化瘀。用于角膜斑翳、云翳、玻璃体浑浊、白内障等症。隔 1 日 1 次。球结合膜下注射 0.5～1 毫升，10 次为一个疗程。药液应置于阴暗处保存（中药制剂汇编.1983）。

（3）血栓解片　取水蛭 150 克，郁金 200 克，川芎 300 克。取此 3 味药粉碎，制粒、压片，每片重 0.3 克。功能为化瘀通络，用于缺血性脑血管病（脑血栓形成）。口服，每次 6 片，每日 3 次，7 日为一个疗程，停药 2 日，再行下一个疗程，8 个疗程为治疗期限。对神志不清、服片剂困难者，需将药研碎，用温水缓缓送服〔北京中医杂志.1987（6）：24〕。

本节所引药方仅作为介绍水蛭药用功能的参考，不作为非正规医务人员用药的依据，使用时应以医生药方为准。

151. 药用水蛭的常用验方有哪些?

（1）治妇人经水不利下，亦治男子膀胱满急有淤血者　水蛭三十个（熬），虻虫三十个（去翅、足，熬），桃仁二十个（去皮、尖），大黄三两（酒浸）。上四味为末，

以水五升，煮取三升，去滓，温服一升。（《金匮要略》抵当汤）

（2）治妇人腹内有淤血，月水不利，或断或来，心腹满急　桃仁三两（汤浸，去皮、尖、双仁，麸炒微黄），虻虫四十枚（炒微黄，去翅、足），水蛭四十枚（炒微黄），川大黄三两（锉碎微炒）。上药捣罗为末，炼蜜和捣百余杵，丸如梧桐子大。每服，空心以热酒下十五丸。（《圣惠方》桃仁丸）

（3）治月经不行，或产后恶露，脐腹作痛　熟地黄四两，虻虫（去头、翅，炒）、水蛭（糯米同炒黄，去糯米）、桃仁（去皮、尖）各五十枚。上为末，蜜丸，桐子大。每服五、七丸，空心温酒下。（《妇人良方》地黄通经丸）

（4）治漏下去血不止　水蛭治下筛，酒服一钱许，日二，恶血消即愈。（《千金方》）

（5）治折伤　取水蛭，新瓦上焙干，研为细末，热酒调下一钱，食顷，痛可，更一服，痛止。便将折骨药封，以物夹定之。（《经验方》）

（6）治金疮，打损及从高坠下、木石所压，内损淤血，心腹疼痛，大小便不通，气绝欲死　红蛭（用石灰慢火炒令焦黄色）半两，大黄二两，黑牵牛二两。上各为细末，每服三钱，用热酒调下，如人行四五里，再用热酒调牵牛末二钱催之，须脏腑转下恶血，成块或成片，恶血尽即愈。（《济生方》夺命散）

（7）治妇女经闭不行或产后恶露不尽，以致阴虚作热，阳虚作冷，食少劳嗽，虚证沓来　水蛭一两（不用灸）、生黄芪一两半、生三棱五钱、生莪术五钱、当归六钱、生桃仁（带皮、尖）六钱，以上药七味，共研成细末，炼蜜丸如梧桐子大，开水服用二钱，早晚各一次。（《医学衷中参西录》理冲丸）

（8）治伤骨损折疼痛　水蛭（糯米炒黄，去米）、白棉（烧灰）、没药（另研）、乳香（另研）各等份，血余（童子小发）十五团（烧灰），共研成粉末。五十以上服一钱，二十以下服半钱，小儿服半字，温酒调下。（《普济方》接骨如神散）

（9）治男妇走注疼痛，麻木困弱　水蛭半两（糯米内炒热），麝香二钱半（另研），上为细末。每服一钱，以温酒调下，不拘时，日进二服。（《证治准绳》）

（10）治小儿丹毒　用水蛭数条，放于红肿处，令吃出毒血。（《片玉心书》）

（11）治发背，初作赤肿　取活水蛭置于肿上，令饮血，腹胀自落，以新水养之即活。（《百一选方》）

（12）治疗高脂血症　用生水蛭粉装入胶囊，每粒0.25克，每次4粒，每日3次，饭后服用。

（13）治疗血小板聚集率升高的心脑血管病　取自然干燥的水蛭研为细末，装入胶囊，每次2.5克，日服2次，连服30日。

（14）治疗急性结膜炎　用活水蛭3条，置于6毫升生蜂蜜中，6小时后取浸液贮瓶备用。每日滴眼1次，每次1～2滴。

（15）治疗脑血管病　用水蛭口服液，每次 10 毫升（含生药 3 克），30 天为一疗程。

（16）治疗前列腺肥大　每次用水蛭粉 1 克，每日 3 次，装胶囊服用。20 日为一疗程，停药一周后进行第二疗程，总疗程需 3～9 个不等。

（17）治疗脑血管病所致的偏瘫　自拟"抗瘫灵汤"（含水蛭 9 克，全虫 6 克，鸡血藤 25 克，乌梢蛇 9 克，地龙 12 克，丹参 20 克等），治疗缺血或出血性脑血管病所致的偏瘫。

（18）治疗支气管哮喘　以灸水蛭 1.5 克，灸皂荚 3 克，研成粉末，装胶囊，制成水蛭皂荚散，分次服用，结合辨证施治服用汤药，效果显著。

（19）血瘀经闭腹痛　水蛭 4.5 克、丹参、赤芍各 15 克、川芎 6 克、香附子 12 克、红花 9 克，水煎服。

（20）治疗真性红细胞增多症　用水蛭、土鳖虫烘焙干研成粉，蒸蛋服用，或制成巧克力糖剂型，每日服 5～15 克，疗效较好。

（21）跌打损伤　水蛭、朴硝各等分，研成细末，调敷患处，或用烤干水蛭 6 克，黄酒冲服。

（22）外伤有淤血　水蛭适量，焙干研末，撒敷患处，敷料包扎。

（23）翼状胬肉　水蛭 3～5 条，投入生蜂蜜 3～5 毫升，6 小时后即成蜂蜜水蛭浸液，瓶装备用。用时将浸液滴入患眼，每日 1 次，每次 1 滴，凡急性结膜炎状胬肉及两年以上的角膜云翳，滴 1～3 次即可。

（24）无名肿毒　水蛭 3 克、芒硝 15 克、大黄 15 克，研成细末，以食醋调匀外敷。

（25）子宫肌瘤　水蛭 30 克、黄芪 45 克、三棱、莪术各 15 克，当归、知母、桃仁各 18 克。研末成丸，每次服用 5 克，每日 2 次。

（26）胸骨手上下陷　新鲜水蛭、蜂蜜各 31 克，共捣成糊状，摊纱布上，包在陷骨处，每日 1 次。

（27）神经性皮炎　水蛭全体、硫黄各 30 克，冰片 3 克。先将水蛭放入热水中烫死，晒干，烘焙干，再加入硫黄、冰片，共同研成粉末，加菜油拌成糊状。外敷患处，覆盖不吸水纸，一般治疗 1～3 次即可，本方也用于治疗牛皮癣，但对湿疹无效。

参 考 文 献

[1] 蔡丽娟，邹礼根，林启存 . 宽体金线蛭疾病快速诊断及治疗方法研究 . 水产科学，2009，11：695-697

[2] 王士彬，陈奇等 . 池塘养殖宽体金线蛭存在的问题及对策 . 齐鲁渔业，2006，23（9）：37

[3] 张英华，杨白玉等 . 动物药水蛭的药理、临床研究 . 长春中医学院学报，1994，3（10）：52

[4] 王安纲，王祖效 . 宽体金线蛭的调查及生物学特性的观察 . 水利渔业，2005，25（5）：40-41

[5] 安瑞永，刘书广，李会军 . 宽体金线蛭的生活习性与养殖注意事项 . 河北渔业，1999，(6)：29

[6] 杨成胜 . 宽体金线蛭的生物学特性及其人工繁殖技术 . 渔业致富指南，2005，(24)：47-48

[7] 王安纲 . 宽体金线蛭的实用养殖技术 . 北京水产，2004，(3)：26-27

[8] 李恒，邢桂菊 . 浅谈水蛭资源的开发利用 . 中国林副特产，2001，11：43

[9] 高山 . 水蛭的生态养殖与加工 . 水产养殖，2011，(11)：45-46

[10] 李东方，李艳春，郑远洋 . 水蛭的生物学特性及养殖技术 . 黑龙江水产，2008，(4)：6-7

[11] 常东洲，李同国 . 水蛭的生物学习性及人工养殖技术 . 科学养鱼，2000（12)：18

[12] 杨太有 . 水蛭的特性及开发利用综述 . 河南水产，1997，(3)：6-7

[13] 黄荣清，孙晓东，李艳玲等 . 水蛭的研究进展 . 中西医结合学报，2004，9，(2)：387-389

[14] 贺新华 . 水蛭的养殖技术 . 特种养殖，2010：38-39

[15] 郭巧生 . 水蛭的野生资源保护与人工养殖 . 中药研究与信息，2001，2 (2)：23-24

[16] 郭巧生，刘飞，史红专 . 水蛭及其养殖基地农药与重金属残留分析 . 中国中药杂志，2006，11：1763-1765

[17] 张永太 . 水蛭炮制前后质量比较 . 中国中药杂志，2008，4：766-768

[18] 韩岚岚，洪峰等 . 水蛭人工养殖及加工技术 . 特种养殖，2006，4：86

[19] 秦建生，潘桂成，吴俊堂等 . 水蛭人工养殖技术试验 . 河南水产，2010，4：38-39

[20] 赖春涛，陈建平，李丽琼 . 水蛭实用养殖技术 . 水产科技，2006，1：24-27

[21] 丁立威，丁乡 . 水蛭市场走势浅析 . 中国中医药信息杂志，2004，8 (8)：749-750

[22] 谢艳华，王四旺等 . 水蛭提取液对犬脑血流量的影响 . 第四军医大学学报，1997，18 (6) 518-521

［23］ 王树林．水蛭养殖越冬五法．科学养鱼，2000，(12)：38

［24］ 刁永红，王淑芬．水蛭治疗肢体动脉硬化性闭塞症的基础研究．光明中医，2011，3 (26)：621-622

［25］ 高明，侯建华，刘玉芝等．温度对宽体金线蛭生长的影响．安徽农业科学，2009，37 (22)：10547-10548

［26］ 史红专，刘飞，郭巧生．温度和体重对蚂蟥人工繁殖影响的研究．中国中药杂志，2006，31 (24)：2030-2032

［27］ 卢奎多，赵艳波．中药水蛭中的微量元素和氨基酸的分析．光明中医，2006，6，(25)：956-957

［28］ 段超，刘娟．仿生诱导高效提取水蛭素及分离纯化的研究．黑龙江医药科学，2008，6，(31)：40-41

［29］ 杨恩昌，水蛭素可利用性分析．河北农业科学，2010，14 (7)：52-53

［30］ 郭旭玲，王颖．水蛭素的药理与临床应用研究进展．中国海洋药物，2004，4：50-51

［31］ 任青华，贾金秋，范延英等．复方水蛭丸对体内外肿瘤的影响［J］．中华中西医杂志，2005，6 (12)：46-48

［32］ 陈华友，邢自力，李媛媛等．凝血酶滴定法测定水蛭素活性的改进［J］．生物技术，2002，12 (6)：24-25

［33］ 宋大祥，冯钟琪．蚂蟥．北京：科学出版社，1978，12

［34］ 王冲，刘刚．水蛭养殖与加工技术．湖北：湖北科学技术出版社，2006，12

［35］ 刘明山．水蛭养殖技术．北京：金盾出版社，2002，7